U0454350

创变思维

用创业者逻辑应对人生的不确定

[美] 诺姆·沃瑟曼(Noam Wasserman) ◎著

胡晓姣　王周颖　张丰◎译

LIFE IS A STARTUP

What Founders Can Teach Us about Making Choices and Managing Change

中信出版集团 | 北京

图书在版编目（CIP）数据

创变思维：用创业者逻辑应对人生的不确定/（美）诺姆·沃瑟曼著；胡晓姣，王周颖，张丰译. -- 北京：中信出版社，2022.12

书名原文：Life Is a Startup: What Founders Can Teach Us about Making Choices and Managing Change

ISBN 978-7-5217-4939-7

Ⅰ.①创… Ⅱ.①诺…②胡…③王…④张… Ⅲ.①成功心理－通俗读物 Ⅳ.①B848.4-49

中国版本图书馆CIP数据核字（2022）第 211735 号

创变思维——用创业者逻辑应对人生的不确定
著者： ［美］诺姆·沃瑟曼
译者： 胡晓姣 王周颖 张丰
出版发行：中信出版集团股份有限公司
（北京市朝阳区惠新东街甲 4 号富盛大厦 2 座 邮编 100029）
承印者： 河北鹏润印刷有限公司

开本：880mm×1230mm 1/32 印张：8.75 字数：161 千字
版次：2022 年 12 月第 1 版 印次：2022 年 12 月第 1 次印刷
京权图字：01-2019-7269 书号：ISBN 978-7-5217-4939-7
定价：59.00 元

目　录

引　言

在过去 20 年里，我几乎成了"创业迷"，在学术界内外皆小有名气。我一直潜心研究创业者这个群体，开设相关课程，做相关案例研究，建立了包括两万名企业家资料的数据库，对其中数百位企业家做过采访，写过与创业者窘境相关的专著，所有这些都为教会人们如何建立成功的创业公司和创始团队。

在 2010 年一个温暖的春天，我的关注点突然拓宽了。那天我正待在哈佛商学院的办公室，一个修读我创业课程的学生走了进来，激动地告诉我，他可能永远都不会创业。我吃惊地笑了笑，回答道："真抱歉你选错课了，戴维。""完全没有！"他说，"您的课程已经改变了我的婚姻！"

戴维顿了顿，随后解释说，他和妻子在沟通和制订未来计划时一直争论不休。戴维毕业在即，他有两份备选工作，作何取舍的问题很快便升级为"我们住哪个城市，谁说了算？""难道你的事业就比我的重要吗？"很多人都像戴维一样，他们认为关系平等是必须的，也就是说夫妻双方都承担着本质上相同的工作和家庭责任，这是假定的必要条件。但正如戴维在课上学到的那样，最高效的企业家能够抵抗"平等的自然吸引力"，他们会赋予每位合伙人在某个特定领域的权力。彼时戴维已经意识到，事事折中会导致不满，尤其是如果双方都想在重大决定上感到满意的话。现在，他和妻子明确了责任，交流自然顺畅了许多。

戴维还从那些成功的企业家身上学到了另一条经验：要重视与合伙人就难以启齿的问题开诚布公地交流，于是他和妻子便直面那些令人不安的问题，并强迫自己对将来可能遇到的挑战做出预判。戴维发现，企业家不是像大家认为的那样承担风险，而是识别风险、管控风险，他和妻子现在也在采取同样的做法。突然之间，夫妻二人能够更加得心应手地掌控人生这场冒险了。

我当时灵光一闪，因为从来没有人把我的课程运用到创业之外的领域，不论是与我一起探索企业家精神的研究人员，还是我那些研究个人变革管理的同事，都不曾在两个领域之间如此直接地建立联系。戴维是对的，不论是否会成为企业家，我们都能从成功企业家违反直觉的实践与行为中学到重要的人生经验。

我还意识到，我已经将许多企业家的经验应用到自己的生活中。当然，最初我并没有这样做——我的第一份工作是计算机工程师，当时我对创业知之甚少。后来，我创立了自己的系统集成业务，作为一名风险投资家和众多企业创始人一起工作。直到那时，我才开始感受、观察和分析企业家的最佳和最差实践。再后来，我将观察和分析转变为一种个人学术职业，先是在哈佛大学商学院任职，目前在南加利福尼亚大学工作，最近刚在这里创立了一个新的学术中心，名为"创业者中心"。在我追求自己的学术兴趣——研究创业成功或失败的原因以及开发教人避开陷阱的课程的过程中，我发现有许多方法可以将企业家战略应用于个人职业决策，以及自己 28 年的婚姻和养育两子六女的方方面面。

成为教育者的一个好处就是可以在教学过程中做实验。因此，我要求学生重点关注企业家案例研究和实验练习中更深层次的经验，目的是将这些学生培养成更优秀的企业家。至于他们的期末写作作业，我要求他们将最佳创业实践"教"给别人，让这个人能够把学到的做法运用于职业决策、人际关系、管理挑战等"非创业性"的生活领域。我与许多学生及校友展开过长时间的探讨，探讨他们在其他领域遇到的挑战。很多人表示，在人生的许多时刻，他们都会担心自身的盲目会使个人决策发生偏误，担心趋同和平等的"吸引力"会让自己无法做出改变，这时企业家的范例就非常有用了。

他们的故事加强了我对我们这个时代存在的特殊挑战的认知。在当今社会，职位和期望都越来越容易获得。不论是选择自由职业还是在大企业工作，不论我们是否结婚生子，每个人似乎都要为自己的旅程寻找新的路标。

　　换言之，人生便是创业，我们就是自己人生的创业者。

人生的转折点

　　有些人的名片上也许永远不会有"创业"的字样，但他们想要为人生转折做好准备，这本书便是为他们而写。对那些想要有所改变或想为某种新尝试奠定更加牢固基础的人而言，无论这种改变和尝试发生在他们的个人生活中还是职业生涯中，这本书都不失为一种资源。对那些工作时间不长、恋爱时间却不短的人来说，这本书可能尤为珍贵。书中也为所有考虑尝试新事物的人提供了重要建议，无论是换工作、搬新家，还是参与创造性的活动。本书探讨的挑战可能出现在人生的各个阶段，而且许多人都会遇到。比如，有的人已经处于职业生涯中期，但仍在努力平衡工作需求和家庭责任，同时还在想办法追求自己最珍视的梦想。此外，如果你是创业者，有些教训你可能已经拥有却毫不自知，这本书会帮助你轻松自如地运用这些教训，使其发挥更大的效用。

　　我引用了大量的资料，这些资料会对我们人生中的许多重要决定给出深刻的见解。我们会从许多人的亲身经历中汲取经验，他们处于人生和事业的不同阶段，有在工作中寻求更大意义的年轻人，有追求工作和生活平衡的夫妻，也有处于职业生涯中期却一心想摆脱公司惯例的管理者。我还对拥有近两万名企业家资料的数据库进行了挖掘，对我从多位企业家那里获得的第一手资料做了深入研究，这些企业家包括潘多拉电台的创始人蒂姆·韦斯特格伦、博客和推特的创始人埃文·威廉姆斯以及宝来的创始人希拉里·马洛等。我自己的创业经历，我与学生、校友及其他面临不同人生窘境的人所做的讨论，我对离职的、在职的以及有着一腔抱负的诸多企业家的采访，都成了这本书的写作素材。

因此，我能够深入研究企业家的思维模式，调查成功企业家遇到的挑战，研究使他们与众不同的反直觉思维，以及他们的行为与人生决策的相关性。当然，我并不认为所有的企业家都堪称典范，他们有些人甚至连有价值的案例都提供不了。我只对自己历时20年观察到的最明智的举措进行研究，并从中汲取经验教训。我会为各位呈现最优秀的企业家达到最高效状态时的智慧。

作为一名教授，我在研究中还吸收了包括心理学、经济学、社会学、家庭和性别研究等各种行为科学的杰出研究成果以及《塔木德》和《父执伦理》等经典古籍中的企业家智慧，为你提供严谨且经过实践检验的课程。那企业家是怎样学会何时该投身新事业，何时该适可而止的呢？对于分担责任、应对失败、制订计划、获得成功，他们又有哪些秘诀呢？这本书将会探讨这些企业家的最佳做法如何帮助我们更好地制定决策、解决问题、处理关系，如何让我们在个人生活和职业生涯中获得发展。

预想改变，管理改变

本书分为两个部分，涵盖了我那门"创业者窘境"课程提供的最重要的经验教训，这些经验教训同样适用于与创业无关的其他行业。第一部分主要讨论"预想改变"，因为早在问题出现前，事情一定会露出些许端倪——构思问题框架的重要性绝不亚于解决问题！第二部分讨论"管理改变"的问题——如何最好地执行设想的计划。该部分包含 4 个两两对应的章节，都是先提出问题，后探讨解决方案。第五章和第七章聚焦我们在生活中遇到的各种挑战，将个人生活挑战与创业挑战进行对比。第六章和第八章关注前述种种挑战的应对方案，分析众多创业者如何处理这些问题，而我们又如何应用他们的方法。

第一部分"预想改变"，以前后呼应的两个章节开篇，探究阻碍我们改变或者让我们急于改变的因素。有些人被自己不知不觉中制造的手铐束缚，有些人则过于激动，被热情冲昏了头脑，仓促地做出改变。企业家既能克服对改变的恐惧，也能控制自己急于改变的热情，我们会探究他们的方法，做到学以致用。

接下来的两章将讨论失败和成功带来的挑战。一方面，对失败的恐惧阻碍我们做出改变，每逢失败，我们总会痛苦万分。另一方面，我们也没有意识到成功的潜在风险——梦想的实现可能会带来一系列问题，从申请升职到换工作再到彻底转行，我们都有可能遇到挑战。我会分析企业家是如何抓住机遇降低失败的损失，以及如何预测并管控成功带来的风险的。

第二部分"管理改变"，着眼于制定决策和解决问题——在你决意要遵从内心做出改变后，接下来会进入实施阶段，此时往往会出现各种挑战。我们对新情况的反应总是具有滞后性，但也正因如此，我们才要向企业家学习超前思考，这一点非常重要。

首先，我会深度解析过度依赖思维定式（或者说我们在做选择时运用的毫无新意的个人思维方式）的风险，探讨当已有的思维方式与即将面对的挑战之间出现脱节问题时，最优秀的企业家如何调整和应对，如何采取行动减少脱节情况，做到防患于未然。比如说，定式思维有一个强大的组成部分，即物以类聚的倾向，也被称作"趋同性"。我们本能地被相似的合伙人吸引，这通常会带来危险。众多优秀的企业家已经发现了这一趋势带来的种种问题，包括能力重叠和团队漏洞导致的紧张局势加剧。他们不会依赖与自己过于相似的合伙人，而会毫无保留地评估自身的弱点，招募与自己能力不同、观点相左的员工，即使这样做使他们不舒服也无妨。

随后，我把话题转向两股强大却令人头大的"吸引力"——让家人和朋友参与进来为自己助力的意愿以及平等的诱惑。我会证明为何拉亲朋好友入伙就是在玩火，并分享优秀企业家诊断危险高发区域、建立防火墙以防爆炸的方法。我还会探讨平等的强大吸引力带来的问题，在我们争取公平时，这样的问题会出现在我们的团队中，在我们以平等关系为傲时，这样的问题又会出现在我们的人际关系里。高效的企业家尊重共识，但也明白一味追求统一的观点会妨碍进步。除了划分责任和授权每位合伙人分别负责某个特定领域，他们还抵制在内部划分所有权时的平等也不会被诱惑。事实上，不同合伙人——不论是共同创始人还是夫妻——很难真正做出同等贡献。这里我会说明为什么罔顾事实，认为人人贡献都相等只会适得其反，甚至产生破坏性的后果。

最后，在本书的结论部分，我会探讨大多数人难免要面对的权衡问题——不论是在一份工作、一项计划还是一段关系中，我们在争夺控制权时要放弃什么？在放弃控制权时又有哪些收益？什么时候放弃控制权来获得收益才是有意义的？为了说得更透彻，这里我用了自己对企业家需要面对的致富与称王这一权衡问题的研究成果：企业家如果自创业之初便一心想要致富，就不能指望自己未来对企业拥有绝对控制权；他们如果意在独揽大权，就不要期望这个企业充分发挥潜力，不要说致富，也不要提什么国际影响力。

在讨论这些话题的过程中，我研究了许多主题，它们彼此交织，反复出现：企业家是如何运用理性思维来控制和集中情绪，从而平衡理性和情感的？在一些难度较大的话题上，他们是如何与别人交流的？他们是如何避免被短期利益诱惑的？创办企业通常需要企业家每天费尽心血为生存而战，因此成功的企业家在激战的同时还能将目光放得长远，这更令人敬佩。

不论你面临的是重大决策、工作调动还是亲密关系中的问题，这些经验都可以帮助你应对不断出现的风险，帮助你不断成长、制定决策、解决问题。它们将帮助你在是否采取行动以及如何采取行动方面做出更明智的选择。我希望这些杰出企业家的经验能伴你走过创业的旅途，并为你带来欢欣鼓舞的结果。

第一部分

预想改变

第一章
未来的召唤

变还是不变

人们总会想象自己将来会实现什么样的愿景，会变成什么样的人，通常来说，这样的想象会成为我们灵感的源泉。然而，谈到行动，人们的表现便大不相同了。

大多数人认为跃进未知世界是不切实际的，所以他们最终彻底放弃了追逐宝贵梦想的希望。这些梦想变成了曾经的幻想，反映在我们的现实生活中，甚至可能让我们伤心不已。也有人处于另外一个极端，他们被一个目标冲昏了头脑，凭着一时冲动从世俗中挣脱出来，不管不顾地追求自己的目标。

我们都要呵护自己的梦想。放弃梦想会带来内心的空虚和诸多遗憾，但鲁莽地往前冲只会撞得晕头转向。在接下来的 4 章中，我会谈到这两种极端情况以及两者之间的灰色地带。尽管这两种情况在某种程度上相互对立，并且面对的人群可能也会迥然不同，但其根源是一样的：我们有时会不假思索地跟着感觉走，这种感觉尽管很自然，却可能造成伤害，而不是试图了解这种感觉并与之抗争。

那些开公司的人，也就是公司的创始人，有时可以作为克服这些特殊问题的好榜样：他们能够熟练且全方位地审视机会，最重要的是，他们能够看清时机。怀揣着成为企业家的梦想，他们当中最优秀的人会为了最后的飞跃（无飞跃的决策）做准备。这些人仔细审视着未来的发展障碍，同时密切关注着未来的潜在收益。这些年来，我在工作中遇见了不少能够熟练运用这项技能的老手，但年轻人和许多努力应对生活变化的公司主管也是如此。卡罗琳和阿克希便是其中的典型代表。卡罗琳是一个始终不敢踏入新生活的人，阿克希则是一个未加思考就一头扎进新生活的人。他们的故事有助于我们在承担风险时能够审视这两大问题：向不断递增的经济和精神双重压力屈服，或者盲目地追随自己的热情。

跳还是不跳

卡罗琳快 30 岁了，她小心翼翼地规划着自己的职业，这样她才能得到想要的东西，也是每个人都想要的东西：完美的简历、合理的生活方式以及事业上的成就。

在商学院的最后几个月里，卡罗琳在选择工作时总是举棋不定。她一直想在社会企业中做点儿什么，最好是与有特殊需求的工作有关，因为她的妹妹患有自闭症。但就在卡罗琳跃跃欲试之时，她突然意识到，如果一味地追求梦想，那么想要还清自己读MBA（工商管理硕士）欠下的贷款和再买套房子的愿望怕是要等许多年才能实现。于是，她转而选择了金融行业的工作，这份工作有助于发挥其聪明才智，为她提供清晰的职业发展路径以及可靠的经济保障。这份工作证明了卡罗琳为拿到学位支付的学费以及搭进去的两年的工资都是值得的。

几个朋友曾经对卡罗琳讲，这并不是非此即彼的选择。她可以先积累更多的工作经验，打牢经济基础，然后再投身社会企业去做点儿事情。总有一天，她会真正拥有自己想要的一切。

卡罗琳和丈夫用她的签约奖金在波士顿郊区买了一套维多利亚风格的房子，那里有一个优质的学区。随之而来的是压得她喘不过气的巨额房贷。然而，卡罗琳的父母曾经劝过她，房子就该尽可能买大些，在参加过几次乔迁宴后，她发现朋友的选择也与自己一样，于是心里舒服多了。依照计划，卡罗琳和丈夫有了第一个孩子，伊娃。为了重返工作岗位，他们雇了一个全职保姆来照顾孩子。照顾孩子的费用高得惊人，但正如她的朋友所说，一旦找到行之有效的方法来兼顾家庭和事业，你就会不惜一切代价坚持下去。

卡罗琳的很大一部分薪酬是递延补偿金，随着时间的推移，她在公司待的时间越来越长，所以就会得到递延补偿金。毕竟，对公司来说，卡罗琳的价值越来越大，公司想提供让她留下来的动力，或者至少让她在打算离开时三思而行。[1] 随着事业的向好发展，卡罗琳的薪酬不断提高，但由于其生活方式的成本太高，她的可支配收入实际上是变少了。

几年过去了，如今卡罗琳每天都要工作很长时间，而且由于公司等级制度森严，她对自己的工作已经不抱任何幻想。她知道自己还要在公司待很久才能得到重要的职位。卡罗琳很少有时间来照顾伊娃。尽管经济压力减轻了，但她没有感受到她原本以为稳定的生活能给自己带来内心的宁静和满足感。

于是，她动了换工作的心思，但害怕因为多年专注于一个行业，会限制自己转入其他更具活力或更具晋升空间的行业。卡罗琳逐渐意识到这一点，她无奈地对我说："我的专注成了枷锁，让我难以进入新的领域。"她在校友杂志上读到的一篇文章加深了她的焦虑。那篇文章是针对MBA学生的研究，他们持续且密切地关注着某一特定行业，但与不那么专注于某个行业的学生相比，他们毕业时获得的工作机会更少，薪酬也更低。[2] 这一影响在另一个截然不同的行业——职业体育——中也有所体现。有些篮球运动员专注于三分投篮，尽管他们为球队做出了巨大贡献，但与全能型球员相比，他们的工资水平和受欢迎度一向都略逊一筹。[3]

一天下午，卡罗琳偶遇了一位以前的同学，这位同学从商学院毕业后直接去了一家公益组织工作，该组织在新英格兰的冬季度假区开办了滑雪学校，专门教残疾儿童滑雪。卡罗琳听到同学对公益活动的热情，心中感到一阵悔恨，但同时也备受鼓舞。适应性滑雪这一概念让卡罗琳想起自己和妹妹对骑马的热爱，而且只要有马的陪伴，她的妹妹就会很开心。那么，卡罗琳是否也可以为某个专门教自闭症儿童骑马的组织或类似的组织工作呢？

她脑海中的这个想法越成形，其细节就越令人生畏。她可能需要学习许多该领域的知识。她接触自闭症的渠道很少，只有个人经验。她将不得不接受减薪，还可能得搬家。做公益就意味着风险和牺牲。卡罗琳知道，在这个人生节点，自己和丈夫都不想失去他们舒适的房子和友好的邻居。要维持目前的生活状态，她必须得有可观的收入来保证不菲的资金支出。卡罗琳的支出率——用专业术语说就是"烧钱率"——是她通往个人自由之路上绕不开的障碍。

　　卡罗琳突然发现，其实自己正戴着"手铐"——增加转行成本的诱因或惩罚，它阻止我们以我们认为有吸引力的方式做出改变。如同我们在本章以及下一章所见，这些手铐有许多种形式，而且常常是由我们自己戴上的。卡罗琳很久之前所做的决定在当时看来似乎很正确，她甚至觉得自己实现了重要的愿望，比如拥有一套房子，但后来的高房贷和保姆这些选择限制了她的决定。她发现，那些她以为只是满足了眼前需求的渐进式决策实际上已经把她梦想的事业推到了危险境地。

　　换句话说，卡罗琳当年的处境就是我们当下的处境：我们做出的每一个决定貌似都是有意义的，但结果是，随着时间的推移，做出改变的成本越来越高，这挑战着所有对现状的重大突破。

　　卡罗琳背着房贷，而一家人享受着宽敞的住宅，她的决定已经将自己困在了金殿里。在工作上，延期支付的报酬和她正在享受和消费的高薪已经把金手铐戴在了她的手腕上。

　　卡罗琳的故事并非独一无二，在军事这一相去甚远的领域也不乏此类事例。现已退役的澳大利亚皇家空军准将兼研究员M. J. 罗林森曾经对 40 岁左右的澳大利亚空军技术人员做过研究，这些人在服满 20 年兵役后的几年内就可以拿到退役津贴。[4] 其中很多人都对自己的工作极不满意，但这些金手铐让他们大多数人舍不得提早退休。[5]

　　不仅那些空军技术人员因为薪水过低而需要这笔退役津贴，

所以会戴上金手铐，站在财富榜顶端的富人也会因为抵挡不住经济诱惑而备受金手铐之困。纽约大学的兰格拉扬·萨达拉姆和戴维·耶马克两位教授在校方资助下，对 1996—2002 年的 237 家世界 500 强企业的薪酬进行了评析。这些企业 CEO（首席执行官）的身家已达数百万美元，但有趋势显示，他们更有可能在拿到全额养老金后才退休。[6] 这些有钱的高管可能没有想到，他们首选的 CEO 任职期限居然会受公司董事会制订的养老金发放计划的影响。原则上，他们已经是百万富翁并且可以随性而为了，但这副手铐让他们动弹不得。

在许多程式化领域中，比如金融领域、军事领域或者高度结构化的公司，你也许能够预见这一结果，但以更快速和更宽松著称的创业领域也有这种现象。《谷歌星球》的作者兰德尔·斯特罗斯曾经获得极大的权限，能接触到著名企业孵化器 Y Combinator（以下简称 "YC"）团队的内部操作和思维过程。彼时，该孵化器团队正在对部分创业者进行评估，斯特罗斯捕捉到了他们的想法："如果说创业者有一个最佳创业年龄，那就是在他们比大学生成熟点儿但还没受到房贷或孩子拖累的时候，此时他们离开那些传统的高薪工作，离开成熟且盈利的知名企业才不那么艰难。"[7]

然而，手铐不仅是金的，也是社交和情感的象征。美国西北大学社会学家霍华德·贝克表示，一份工作的次要方面也会出乎意料地限制人的行为。[8] 比如，一个人选择了一份工作，他起初可能是为了高薪，但后来会因为这份工作某个意料之外的次要方面，而拒绝一个薪酬更高的工作机会。这个人在刚入职时甚至没有考虑过某种可变因素，比如和新同事的友情或意想不到的便利通勤。我们很少因为这些因素而决定接受一份工作，但它们常常会成为阻止我们离开的手铐。

卡罗琳的手铐慢慢地、不知不觉地变紧了，因为她辞去了之前的工作去商学院学习，结了婚，接受了现在的工作，做了母亲，积累了资产。所有这些做法都让她在社交和情感上融入当前的圈子。这些非经济因素的手铐通常包括让我们保持原状的积极联系——强大的人脉、潜在的晋升机会、赞赏和忠诚、威望和声誉等。

投资银行家迪利普·拉奥当时在读EMBA（高级工商管理硕士），他选了我的"创业者窘境"课程。他对自己人生轨迹的思考刚好凸显了前述那些心理枷锁。拉奥原本打算读医学院，但家里经济条件不允许，于是他只得在金融服务公司瑞士信贷集团找了份工作。他告诉我说：

> 我已下定决心要从事金融行业。我曾经读过很多伟大CEO的励志故事，西德尼·温伯格便是其中一位。西德尼·温伯格在来华尔街之前没有受过正规教育，他家境贫寒，

其背景与华尔街那些常春藤盟校的毕业生截然不同。然而，华尔街自带某种坚韧气质——如果说温伯格先生能从一个门房助手一路晋升成为高盛集团任期最长的CEO，而且其他原本无望在这里谋职的人在面临绝望、动荡以及不可逾越的困难时，也都做到了坚忍不拔，那我还有什么借口呢？那是2007年8月，当时我家里有三口人和一只狗要养，还要还房贷。

在瑞士信贷集团工作的前三年，拉奥为自己的家庭提供了坚实的经济基础。那时，他有很多同事都在为人生的下一阶段做打算，而拉奥也有了创业的念头，可他也深感自己应该对公司忠诚。

他们给了我工作机会，也给了我证明自己的机会。更重要的是，在我最困难的时候，这份工作让我有能力养家糊口。我应该对同事和老板忠诚，他们曾经护我周全，教我做事。有生以来我第一次感受到，有些人虽然与我没有关系，但他们关心我的生活，愿意为我付出。而我表达感激之情的唯一方式就是一直为他们工作，而且要无比努力地工作。

最终拉奥在瑞士信贷集团工作了8年，远比原先预计的时间要长。这份工作带来的舒适感与他对公司的忠诚相得益彰。

如果随时随地工作，百分之百地投入，你就会得到认可。你知道要把事情完成该找谁，最重要的是，你会形成自己的独特风格。当这种风格与职业道德和可信赖性联系起来时，其影响力是逐年累加的。更重要的是，随着独特性的增加和时间的投入，公司的影响力也会随之而来，而这种影响力在社会资本和商业信誉方面是无比强大的。大概每两年，我就会得到一次离开瑞士信贷集团另寻他职的机会，但我真的很难舍弃多年建立的商业信誉。

更让他欲罢不能的还有很多每年都如期而至的潜在升职机会。正如拉奥所言："我每年都感觉自己能更上一层楼，我的老板告诉我，'眼下你的发展势头特别好，你正在为公司创造巨大的收益。在这里你是一个领导者，你很快就能成功，将来就能在业务方面独当一面了'。对此我信以为真，于是一再推迟自己的下一步计划。"

在声望颇高的行业或企业里工作，这副手铐可能就会非常牢固。我第一次注意到声望这副手铐是因为哈佛商学院的一个同事——他在哈佛大学获得了三个学位，一直为自己是"3H人士"感到自豪——他决定放弃去另外一所学校谋职的机会，尽管那个职位既有吸引力又有影响力。在某种程度上，他做出这个决定是因为哈佛大学的声望以及获得该校终身职位的光环。于是，一个比他年轻且没有被手铐束缚的同事取而代之，得到了那个职位。在入职新单位一年后，那位资历较浅的年轻同事过得很开心，在我的记忆里，他要比那位始终没有离开哈佛大学的资深前辈开心得多。哈佛大学的校色是深红色和金色。众所周知，这所学校牢不可破的深红色声望手铐总会将人们牢牢地拴在这里，即使有更好的机会或者绝佳的黄金机会在别处向他们招手，他们也动弹不得。

如果你曾经动过这样的心思，比如跳槽到一家新公司，调换现在的工作，甚至申请升职，也许你就会发现自己正戴着手铐。在个人生活中也会有这样的手铐，比如与恋人维持长期关系带来的舒适感可能会强加给你类似的手铐。我有名学生注意到了这一点，他说："有时候，那些不开心的人会留下来，是因为他们感受到了那副让他们不敢离开的'手铐'。他们之所以还在维持这段不尽如人意的感情，是因为那些难以割舍的次要收益，例如安全感、安心感和可预见性等。为什么要离开那个人去冒未知的风险？对不对？"同样，搬去新城市就要认识新朋友，了解去商店和饭馆的新路线，还要摒弃舒适的旧习惯，培养新习惯。

当然，这些手铐确实能阻止不明智的举动。有时回想起来，我们会庆幸自己当初没有被"随心所欲"的建议左右（我们马上就会说到这一点）。感恩和忠诚的确是很好的品质和习惯，值得我们自己以及周围的人学习。但是，很多时候这些手铐会阻碍我们去追求带来更大成就感的好想法。

这副手铐的紧固感让人感觉很真切。当然，最真切的要数偿还抵押贷款的需求和对安全住所的需要。但是，我们很容易忽视感知的作用，当我们感到紧迫时更是如此。[9] 如果撇开这些表面上看似紧迫的因素而保持现状，我们就会发现手铐代表的不过是不断累加的一连串决定，每个决定在当时看来都很有道理。这些手铐呈现的是你被动的一面，这一面的你不辞劳苦地回应各种需求：赚钱、获得安全感以及教育子女等，而且这些需求每一天都向你提出新要求。但你身上还有主动的一面，这一面能让你超越当下之急进行思考并展望未来。

大多数人都习惯于依赖被动的一面，以至于我们忽视了主动的一面。但我们会逐渐意识到，这些手铐不仅阻止我们立即采取行动，也限制了我们的整个世界。

卡罗琳的完美职业手铐也可能会成为约会的障碍，这就好比一个潜在的创业者一直在等待完美的想法出现。比如，约会建议专栏作家埃文·马克·卡茨谈到了他是如何帮助一位两次离异、年过花甲的女性重新开始约会的。不久之前，这位女性有几个很好的选择，但她一直犹豫不决。"他不是那种粗犷型的。""我们长得一样高，而我还爱穿靴子。"卡茨给像这位女士一样的浪漫主义者的建议是：给那些几近完美的备选对象一次机会。[10]

关于初婚的数据印证了卡茨的观点。犹他大学社会学家尼古拉斯·沃尔芬格对最佳婚龄问题做过探讨，他发现第一次婚姻的离异风险从十几岁到二十多岁是持续下降的，到三十多岁又会升高。过了 32 岁，每增加 1 岁，离婚率就会增长 5%。[11] 沃尔芬格指出，离婚率不断上升是最近才出现的新问题。他强调，即使我们控制了一系列变量，例如性别、种族、成长的家庭结构和居住城市群等，该影响依然存在。沃尔芬格认为，个人选择效应在其中起了一定作用。他解释道，婚姻成功的人往往在 20 多岁时结婚，越往后有吸引力的备选对象就越少。

让我们停下来想一想卡罗琳的处境，或许也是我们自己的处境。高收入给了卡罗琳自由，但同时也成了非常现实的束缚她的因素。正如下一章所讲的，我们还是能找到切实有效的方法来挣脱这些束缚。然而，如果能够主动找出可能会束缚自己的来源，那么我们就能有更好的选择来提前避开或削弱手铐的禁锢。

思 考

为了在下一章探寻企业家解决这些问题的方法做好准备，并借鉴经验来解决生活中的类似问题，请问问自己：

- 如果你是卡罗琳，虽然戴着手铐，却在全力图变以寻求更大的满足感，此时你会如何选择？

- 在个人生活中，你是否曾经面临过一个重要的决定。在这个决定中，因为自身或工作的限制而无法追求自己热爱的选择？你如果在一两年（或者 5 年）前就意识到这些限制，是否可以主动减少或解除这些限制？

- 在未来一两年内，你是否可能面临类似的挑战？要充分考虑这些限制可能对你的决定产生的持续影响。你眼下可以做些什么来使自己心仪的选择更具可行性？

肆意放纵的热爱会带来伤害

在问自己这些问题的时候，我们试图选择一条更容易获得未来回报的道路来代替风险，从而检视自身规避风险的倾向。但我们可能也在和另一种冲动——盲目行事做斗争，不顾后果地追求我们自以为热爱的东西。人们冲动地着手创业，通常是因为他们对创业需要做的准备认识不足。[12] 有时是因为他们有一种有些夸张的紧迫感，一种因为担心面市时间晚或者被竞争对手打败而产生的病态恐惧心理会让企业家陷入困境。朋友网是第一家大型社交网站，其上线时间比聚友网早一年，比脸书早两年。然而，朋友网在吸引用户的过程中高估了自己的用户处理能力。[13] 结果，该网站运行的速度大大降低，导致用户流向新的竞争对手。当我们在生活中总是不假思索地全力以赴时，这份热爱变成失败的风险就会提高。

让我们一起来看看工程学院毕业生阿希尔的故事。从性格和兴趣来看，他与卡罗琳截然不同。阿希尔的洁净科技创业项目刚刚进入创业比赛的决赛（最高奖金是 25 000 美元），这时他收到了一封语音邮件，发件人是一家科技公司的人力资源经理，该公司数月前给阿希尔提供了一份绝佳的工作。

"阿希尔，我们最终决定扩大部门，你的位置不能一直空着，"那位经理说道，"我们知道，你的加入会成为我们团队的强大助力，我们也非常欣赏你对这份工作的热情，但我们需要一个答复。两周之内，务请回复，否则我们将考虑下一位应聘者。"

这家公司当时正在开发一项新的洁净科技服务，这是阿希尔一直以来热爱的行业。公司承诺如果他接受了这份工作，他和他的未婚妻鲁帕就能回到自己的故乡印度孟买，他可以在当地协助创建办事处——这是一项极具挑战性的创业项目。全家人都催促阿希尔接受这份工作，鲁帕也同意他这么做。鲁帕认为这份工作能为他们夫妻二人提供经济保障，她还憧憬着他们能在印度组建家庭，不想在这儿耽搁太久。

但是，他还有另外一个创业项目。在阿希尔的职业生涯中，还从来没有哪份工作让他如此兴奋。对他来说，这个创业项目就是意大利语中所说的"colpo di fulmine"，这个短语将热爱比作雷电，直击胸腔，改变命运。现在，阿希尔迷上了这个创业项目，尤其考虑到这个项目在创业比赛中的表现。"我觉得自己从未如此兴奋过！"他暗自狂喜。"事实上，一想到自己正在把这个创业项目变成现实，我就激动得像打了鸡血一样！"不管要冒多大的风险，他都致力于全力推动该项目上马。与同龄人一样，阿希尔身边也总有人鼓励他追随自己的激情。"然而，我必须征得鲁帕的同意。想要创业顺利的话，我需要她的支持。我只需要想办法说服她就好。她担心我们的财务稳定问题，尤其是我们读研的贷款以及这笔贷款对我们组建家庭的能力的影响。"他说。阿希尔向鲁帕阐明了创业的吸引力，并说服她相信，一年之内，这家初创公司就可能筹到外部资金，也会给她渴望已久的稳定经济状态。最终，他拒绝了第一份工作。

如此一来，他和许多企业家一样都掉入了一个陷阱：热情蒙蔽了他们的双眼，让他们看不清现实。在一项由普渡大学的阿诺德·C.库珀主导的研究中，3 000 名小型企业的老板认为自家公司的成功率平均为 81%，其他同类公司的成功率仅为 59%。[14] 由此可见，我们高估了自己公司的前景，也高估了自己在陌生领域的能力。

这是一种人类共有的模式，并非创业者独有的，但持这种偏见（认定只有创业者才有这个问题）的人出奇地多。神经科学家塔利·夏洛特指出，80% 的人会表现出乐观的偏见，这会使我们低估消极事件发生的概率、高估积极事件发生的概率。[15] 例如，我们会低估离婚的概率，高估孩子天赋过人的概率；低估遭遇车祸的概率，高估找到工作的概率。高度乐观的人抽烟的概率更大，存钱的可能性更小，依照建议做医疗筛查以及买保险的概率也更低。这种乐观的偏见随处可见，不分性别、种族、国籍以及年龄，其影响之大连专业知识都不足以与之抗衡："离婚律师会低估离婚的负面影响，金融分析师会预计利润高得不可思议，医生会高估其治疗的有效性。"[16]

阿希尔被热情冲昏了头脑，误判了自己得到外部资金的概率。他每天都觉得自己的公司好像马上就要有起色了，却总是无法吸引资金。一年时间就这样过去了，鲁帕怕打击他的梦想所以一直保持沉默，但她越来越不满。鲁帕对她信任的一个朋友倾诉道："阿希尔对我的承诺一次都没有兑现过，我们已经负债累累了，他为什么就不明白眼下真正要紧的是什么呢？"

阿希尔原来的计划是"说服她支持我"，于是他喋喋不休地向鲁帕灌输创业的想法，但这一做法没有帮他有效处理艰难的关键对话。风暴不可避免，但阿希尔并没有建立起可与之抗衡的坚实基础，相反，他通过极力劝说的方法建立的基础不堪一击。与卡罗琳不同，阿希尔并未被某种生活方式束缚住，也不必始终待在某家公司做着单调乏味的工作，但他的热爱带来的怕是只有磨难，而非磨炼。他和鲁帕的爱情备受煎熬，两人搁置了许多个人愿望——举行盛大的婚礼，移居回印度，组建自己的家庭。一个错误通常就能毁掉一家初创公司，就像任何依靠选民道义支持的立法提案一样。

对阿希尔的那些错误我们很容易一笑置之，或者一脸嫌弃，又或者煞有介事地摇头叹息，但他的故事诸位其实并不陌生。有时我们的热情太过强烈，强烈到就连对我们最重要的人当众阻拦我们都不肯听劝。NBA（美国职业篮球联赛）的卢克·沃尔顿便是一例。他在联盟中做了近 10 年的替补队员，以勤奋刻苦闻名。2013 年退役后，沃尔顿开始当教练。他努力奋斗，很快从孟菲斯大学的助理教练成了 NBA 发展联盟球队的球员发展教练。不久，沃尔顿便迎来了其篮球运动生涯的巅峰时刻，他被 NBA 金州勇士队聘请为助理教练，该球队在 2015 年赢得了 NBA 总冠军。在第二个赛季开始前，金州勇士队的主教练史蒂夫·科尔患了严重的背部疾病，于是沃尔顿被任命为临时主教练。在他的带领下，勇士队创造了历史最佳开局。2015 年 11 月，勇士队击败了洛杉矶湖人队，取得了 16 连胜，并打破了 NBA 联盟开季连胜纪录。之后，勇士队将连胜纪录扩大至 24 场。当科尔回归时，勇士队的战绩是 39 胜 4 负。

当沃尔顿带领勇士队战无不胜时，其他球队想聘请沃尔顿担任主教练的谣言风起云涌。那些在联盟中垫底的球队最有可能换主教练，据说他们正在考虑聘用沃尔顿，让他带领球队东山再起。2016 年 4 月，湖人队常规赛胜场数比勇士队少了 56 场，这将是他们在西部有史以来最差的表现。谣言愈演愈烈，人们都说湖人队正在竭力邀请沃尔顿当主教练。

卢克·沃尔顿的父亲比尔·沃尔顿也曾是NBA一颗闪耀多年的巨星，他曾两次获得NBA总冠军。2016年4月底，当被问到儿子应该如何选择时，老沃尔顿极力劝道："保持现状！有些球队的主教练位置之所以空缺是有一定原因的。他现在拥有的已经是最好的了。教练团队现在掌握的有关金州勇士队的信息是无价之宝。在篮球史上最特别的球队中，有几支我也曾为其效过力：加利福尼亚大学洛杉矶分校棕熊队、波特兰开拓者队和凯尔特人队。但我也见过很差的球队，所以我知道主教练不好做，工作不稳定，心态还容易崩。"[17]

然而，2016年4月29日，湖人队宣布聘用卢克·沃尔顿为主教练。沃尔顿任职的第一个赛季，湖人队输掉了68%的比赛，在NBA的30支球队里，湖人队排名倒数第三。相比之下，金州勇士队在三年内拿到了第二个联赛冠军。在接下来的几年里，人们都盯着卢克·沃尔顿，想看看他追求理想的自信能否化腐朽为神奇，还是忽视他在金州勇士队的地位和父亲的公开劝诫，落得和阿希尔一样的下场。

这类"即刻行动，过后思痛"的现象已浸淫我们生活的许多方面。令人惊讶的是，有相当数量的人在面对婚姻大事时，居然也采取了这一做法。例如，一项有1 000对美国新婚夫妇参与的调查显示，40%的人都不知道配偶的信用评分，1/3的人对配偶的消费习惯表示惊讶，1/3 的人不知道配偶的学生贷款数额。有些受访者甚至有秘密的金融账户，这些人中 61% 是男性，39% 是女性。[18] 热爱蒙蔽了我们的双眼，带我们走捷径，让我们对不想看见的东西视而不见。

思 考

- -

你如果像阿希尔那样有可能成为肆意放纵的热爱的牺牲品，就应该花点儿时间反思一下从前那些让欲望牵着鼻子走的时光，想想那样做有没有让自己的思维出现错误。

- 过去，当你爱上一件新事物时，对于它即将带来的满足感和自己将要付出的代价，你原本的期望有多实际？

- 当试着向爱人或家人解释这个项目或前景时，你是否只是描述这个计划的积极方面和可能带来的收益？还是说你也会告诉他们可能出现的陷阱？

  - 如果是前者，想一下你为什么不愿描述计划中不好的一面，你是否在躲避困难的对话，因为那些对话会暴露计划消极的一面？

  - 事后回想一下，向你核心圈子里的人同时说出积极的一面和存在的陷阱可能会让他们更加支持你还是会适得其反？为什么？

你应该潜水吗

无论是在生活中还是在生意场上，最优秀的企业家都兼具传教士的热情和分析师的清晰思维。然而，很少有人生来就能将这两种常常相互矛盾的属性结合在一起。相反，任何其中一方都会影响我们的决策，对我们造成伤害。

这就好比某人要跳进陌生的水池。热情洋溢的跳水者会冲上跳水板，然后一跃而下。他不看看池子里是否有水，跳板是否比自己以前用过的高得多，甚至忘了看看自己是否还穿着便装。而精于分析的人会测量水温，确保水的温度正常（水温差不能超过1/10度），确保跳水板不高于他之前用过的高度，他不仅要确保自己换上了泳衣，还要保证自己戴上了潜水装备。在此之前，他甚至不会靠近跳板。

过分热情的跳水者很可能会摔断骨头，悔不当初。过度谨慎的跳水者很有可能会后悔从未挑战自己去勇敢追梦，并找到一种自己擅长的泳姿。然而，如果能更加了解自己的意愿并找到方法来对抗其带来的负面影响，那么每个人都能成为更好的跳水者，现实义和比喻义都是如此。如何做到这一点？答案是学习企业家的最佳实践。然而，思维模式会给我们带来挑战，这就是我们接下来要解决的问题。

第二章

最好的回答

如何前行

　　在本章中，我会对多位创业者和有创业精神的人的最佳实践进行介绍，帮助我们为期待的改变做准备。我在与这些企业家合作的过程中，将自己的研究凝缩为一套基本准则，用于应对在创业时遇到的各种挑战。这些准则同样适用于生活的其他方面。在此，我首先讨论如何挣脱阻碍我们做出改变的手铐，然后提供一些经验，让你学会有效引导自己的激情，避免过早跳跃。

挣脱手铐的束缚

有些手铐是十分明显的，这使得设计手铐变得容易，但很多影响最大的手铐并非如此。比如，在计划改变时，预测我们可能面临的经济挑战比预测等待我们的心理挑战要容易得多。精神手铐往往更隐蔽，更难被发现，甚至更难被承认，而且少有明确的解决方法。这两种类型的手铐让我们内外交困，通常很难通过自我磨炼加以规避，就像第一章提到的迪利普和卡罗琳一样，直到一切再也无法挽回。企业家的最佳实践表明，我们可以提前采取措施减少或挣脱手铐，让手铐渐松而非渐紧。

降低个人烧钱率

克里斯蒂娜在取得MBA学位后，在纽约的一家咨询公司找了份工作。读研究生之前，她在非营利机构工作，拿着相应的工资。毕业后，她把新工作看作期盼已久的机遇，希望借此提高生活水平，这也是人之常情。然而，从我的课程中学习了卡罗琳的案例后，克里斯蒂娜打消了这个念头。她告诉我："我原本就很清楚，做咨询工作是暂时的，是不会长远的，我当时并不想习惯那样的生活。"经济缓冲可以给克里斯蒂娜安全感，如果她愿意她可以选择薪水较低的工作，因此，她开始设法存钱。举个例子，克里斯蒂娜居住的曼哈顿区是美国的最高消费地区之一，但她只租了一间小公寓，每月房租是 1 350 美元。她极力避免增加贷款，同时通过各种创造性的方式降低生活成本，比如她会在约会或者参加派对的时候蹭饭吃。

克里斯蒂娜首先集中精力积极处理学生贷款问题。费城联邦储蓄银行研究显示，当潜在的企业家为贷款所累时，他们便缺少储备资金来开办企业。在一个邮区内，学生贷款每增加一个标准差，拥有 1 ~ 5 位员工的初创企业数量就会降低 25%。[1] 放到日常生活中，这意味着贷款真的可以成为手铐。毕业后，克里斯蒂娜拼命偿还贷款。她没有像许多同学那样把签约奖金用于旅行或是购置公寓家具，而是还了一大笔贷款。两年后，她与别人合伙创办了一家服饰公司，闯劲儿更足了。"另一位创始人告诉我们，她创业时是如何停止还贷的，"克里斯蒂娜说，"这个逻辑说得通：如果我们创业成功了，贷款拖欠一两年多出来的利息是不成问题的；如果创业失败了，多出来的利息则证明我们已经倾尽所有了。"但克里斯蒂娜仍在竭尽所能地积极还贷，在公司正式成立之前，连着 4 个月，她每月还款额是最低月还款额的 3 ~ 4 倍。

克里斯蒂娜一直在努力工作，先当顾问，后又创业，她为什么选择了这种还款方式呢？每一次加薪都比我们想象的多得多，而且即使我们认为自己不会加薪，我们还是会戴上这副金手铐。在克里斯蒂娜的成本意识、偿还贷款和积极储蓄之间，她MBA毕业后的工资与读学位之前相比并无多大变化，她还是靠着同样的工资生活，但她得到了未来的自由。每走一步，克里斯蒂娜都会问自己：现在花钱能让生活更舒适，但以后会受到更大的约束，值得吗？

克里斯蒂娜说，在辞掉第一份顾问工作开始创业的时候，"我搬出了月租 1 350 美元的公寓，在曼哈顿上西区睡沙发，每月租金 400 美元"。每天晚上，她都要把沙发折叠起来，把衣服藏到书架里，把鞋子藏到橱柜里，以此掩藏自己在客厅居住的痕迹。"我之前做顾问的时候积攒了许多航空常客积分，这些积分都用于支付我和我的合伙人创业头一年的差旅费。"

她意识到，失去收入来源是多数企业家在做出改变时遇到的最大问题。为了避免资金流动困难，她不得不按创业者的方式生活。当她没有聚会或约会能享受免费食物的时候，她"每天吃饭只花 5 美元，在纽约你只能买到一杯咖啡和一个沙拉三明治"。

瑞安·布罗伊尔斯的工资比克里斯蒂娜高了许多，但他也担忧未来的种种束缚，因此选择了类似的路径。布罗伊尔斯是NFL（美国国家橄榄球联盟）的一名球员，他拒绝像其他球员那样过奢侈的生活，强迫自己每年靠 6 万美元过活，尽管他的年收入是 60 万美元。[2] 此举动机何在？他所看到的数据显示，NFL球员的职业生涯是十分短暂的，个人经历让他明白了一个事实，只要再受一次伤，他就得退役。最有效的动机通常是从痛苦中得到的第一手教训，就像布罗伊尔斯从过去的伤痛中学到的那样。通过运用研究球员职业生涯长度的数据，间接获得经验并强化动机，就没那么痛苦了。

在薪水与资源充足的情况下，我们很难这样磨炼自己。但与克里斯蒂娜和布罗伊尔斯一样的杰出创业者能够顶住社会压力，即便经济条件允许也不买豪宅，而是选择租房，或者购买低调的住宅。他们每月自动把钱汇入储蓄账户，践行节俭理念。有了低个人烧钱率省下的资金，创业者就能让自己创办的公司多运营一天（或一年），为自己和家人带来信心，相信即便公司发展的时间多一倍，开销翻一番，他们也不必为钱所困。

越早采取这类措施越好。一开始就规避手铐是比较容易的，等到手铐渐紧再尝试挣脱则会困难许多。（如果卡罗琳先强制自己每月存钱，之后再去买房，那就好了！）即便你对职业生涯的下一步并无明确规划，但无论是想要在低薪行业找到一份理想的工作，还是重返校园深造，你也需要采取同样的关键步骤来限制消费和减少贷款。

追求自己最深层次的利益往往令你备受诸多财务限制，尤其这一利益要求你要么接受降低工资，要么自掏腰包投资（或两者兼有），但你可以采取多种具体措施来放宽财务限制。你需要关注生活中那些对你的个人烧钱率做出重大改变的节点，比如当你毕业找工作的时候，或者当你获得一个薪水更高的职位时。要知道，一旦你自己习惯了高消费的生活方式，重回学生时代的低烧钱率要比拼命保持高烧钱率难得多。你要计算有多少额外资金会进入并用于你的经纪公司的自动投资计划，该计划每月都会将这个数额（或其中很大一部分）的资金自动转入你的投资账户。你需要下定决心，从毕业前的签约奖金开始，省下每一份奖金，不可肆意挥霍。

在参加过我的研讨班的创业者中，有 39% 的人表示，为了顺利过渡到创业阶段，他们主动减少开销，为创业提供更充足的现金缓冲。另有 11% 的人表示，在创办公司前，他们已经搬入了更小的住宅或公寓。事实上，说到财政义务中的债务方面，许多人最大的债务支出就是住房费用了。与其费力去买你能负担得起的最好的房子，不如保持自律。如果你意识到自己买房不仅花钱，也消耗了未来的职业自由，那么每月支付高额抵押贷款就会变得更加困难。

量入为出的好处有两点。首先，你可以避免将生活标准硬生生地调整至较低水平，因为那样很可能会束缚自己。其次，你可以积累必要的现金缓冲为自己争取时间和稳定性，以便探索或做出改变（或者干脆让你以更好的状态退休，而不是像几年前那样要求自己遵守财务纪律）。只需相对较少的投资，你就可以为自己购得一种可能成为无价之宝的期权。

解开精神手铐

金钱手铐固然牢固，但精神手铐可能更难挣脱。如果你预期的改变包括搬家，比如你可能会远离朋友和家人，或者失去宗教机构或民间机构的社会支持，这意味着你必须自力更生，那你可能就要面对失去社会地位或者管理岗位的结局，也可能会因为每天无所适从而心存不安。你可能会面临新的环境，在这里已有的专业技能根本发挥不了作用。或者你可能会缺少潜在的企业合伙人或供应商等有利的行业资源。而回到家中，你可能又要应付配偶或家人的反对意见。

企业家每天都面对着这样的问题。安德烈娅是一个年轻的丹佛女孩，她热爱滑雪，亲近家人，她的工作是一名电脑程序员。后来，她在移动广告领域有了一个非常棒的创业想法并想投身其中，但她担心可能需要辞职来全职创业。她也想搬到硅谷这个创业枢纽，以获得资金和人才。然而，考虑到转变太大，安德烈娅犹豫了。她告诉我的研究助手："现在亲人都在我身边，搬家会让我远离他们。我在科罗拉多大学博尔德分校读书，在丹佛工作，并且在过去的 10 年里建立了庞大的人际关系网。我知道自己的想法很不错，但在人生的这个阶段，想在别处重新开始，要放弃的好像太多了。"

当我们评估潜在的飞跃时，我们通常只关注在做出改变时失去的东西，比如薪水降低、声望降低、职位降低，诸如此类。你至少应该同等重视得失，也应该后退一步，反思一下现实——你看到的损失可能仅仅是感觉上的，问问自己那些损失是否真实存在。比如，你目前雇主的名声是否会妨碍自己跳槽到小公司担任更重要的职务？

我自己就曾备受这个问题束缚。我在哈佛商学院工作了将近20年，后来得到一个机会，可以到别的学校担任更重要的职务，就在这时，我犹豫了。我认识的许多同事都被哈佛大学的手铐束缚着，难以挣脱。我从自己的课程和研究中吸取了经验教训，对这些经验教训进行了反思，甚至还为这本书的写作做了计划，这些都有利于我看清这副手铐并设想改变。即便如此，我仍然发现自己需要逐步转变身份和思维模式，以便认真考虑别的选择。

比如，我曾寻求机会在别的大学教书，在正式离开哈佛大学前，我曾到三所大学做客座教授。我提前一年离开在哈佛大学的办公室，停用了自己喜爱的简洁邮箱"noam@hbs.edu"，尽可能不再参加教职员会议。即便像换电子邮件签名这样的小事都能帮助我挣脱手铐、转变身份，我不再强调自己是哈佛大学的老师，而是强调自己曾在多所学校担任客座教授。

我也减少对其他院校商学院排名的关注，更加看重我在新学校的影响力。我不再是哈佛商学院200位全职教授中的一员，而是全美第一所创业中心的主任，我成为一群工程学教授里第一位负责编写全新创业课程的商学院研究员。我学会了欣赏更具创新精神与合作精神的文化，走出了自己习以为常的封闭文化。

还有一点很关键，在这个过程中，有人邀请我到一家大型创业集团做演讲，报酬颇丰。我一直以为，别人之所以对我的讲座有兴趣，主要是因为我和哈佛大学有联系。我知道说出实情会让我失去这次机会，但我想让对方充分了解情况，于是我回复说自己即将离开哈佛大学，建议他们请我昔日的同事来做演讲。他们回复："不论您所属何处，我们仍然想让您来做演讲。"他们的回复终于帮我认清自己不再需要依附哈佛大学，也许自己当初高估了哈佛大学的力量。在校内和校外人士看来，哈佛大学是代表学术的完美典范，但细想后便会发现我更适合别处。

挣脱完美的手铐

人生来讨厌变化，这会让我们推迟所有不完美的改变。对于不完美的方案，我们不为所动，但会希望真的碰到完美的情况，因此被手铐缚住手脚。例如，很多人只有在时间充足的情况下才会健身。我也不例外，我喜欢 40 分钟的动感单车训练，这比在波士顿的暴风雪中慢跑好得多，还能确保我每天至少有 40 分钟的读书时间。但要是只有 30 分钟的空闲时间，我就可能会产生逃避锻炼的念头！然而，即使是三分钟的强烈间歇性运动也能大大改善你的健康状况。[3] 做点儿运动总比不做运动好，但追求完美的手铐常常让我们什么也不做。

追求完美是一种阻碍我们完成项目的态度。我的一名学生写道，他最大的"失败恐惧症"就是害怕无法完成任务，因此经常不敢着手做事，害怕投入的时间不够，无法取得成果。

不要提前给自己下定论并谴责自己，不要因为担忧而不敢尝试，就像我那个有"失败恐惧症"的学生一样。我还记得自己和简·里夫金的谈话，他是哈佛商学院最杰出的教师之一，对教学设计有着深刻思考。他当时刚接手哈佛商学院的核心策略课程，这门课的情况一直都不好。当我和他探讨应该如何把课上好时，他指了指自己写在白板上的一句摘自《父执伦理》的话："拉比塔尔丰说，'完成这项任务不是你的义务，但你也能自由地放弃它'。"我希望我的学生也能在他的白板上写下这句话，提醒自己对于完成任务的顾虑不应阻止他开始行动。想要为漫长而艰苦的比赛做好心理准备，有时你最好只关注赛跑的第一圈或者攀岩的第一座山峰，而不是想象遥远的终点线，进而畏惧开始。创业者对此有个术语：分阶段。

通过分阶段获取力量

几十年前，对于不确定的复杂项目，标准的工程实践是一直计划、计划、计划，然后不停地写、写、写，然后把一叠指导说明交给实施者大军，接着坐等他们不断地编码、编码、编码，或者反复构建、构建、构建。我作为工程师也是这么一路走过来的。21 世纪初期，美国工程师借用了日本"精益生产"这一概念，发展出了"精益创业"。[4] 今天，分小阶段前行已经成为科技初创企业的标准做法——订计划、写方案、做实验、得反馈、做修改、再做实验、得到更多的反馈。成功的实验能够聚集更多的资源和关注，不成功的实验则被弃置一旁，资源和关注也被分配到其他项目上。这种分阶段的方法也为创业投资者所用，他们分阶段进行投资，就像初创公司分阶段研发产品一样。[5] 分阶段这个概念非常令人信服，并且成功适用于许多新企业，现在已经扩展到了大型企业和军事组织。

这一方法也可扩展到个人创业。与其妄图一口气实现最大的目标，不如学会将自己的梦想分阶段。至于该采取哪些小步骤，你可以学学创业者的做法，优先考虑可能将成功和失败区分开来的实验和反馈。初创公司做实验可能是为了弄清是否真的有足够多的顾客愿意为公司计划的新产品付费，或者是为了弄清消费者最看重产品的哪些特性。很多初创公司不是试图生产完整的产品，而是制造一个最小的可行性产品，用于测试最大的不确定性因素。[6]

举个例子，耐克的创始人菲尔·奈特起先没有自己生产鞋子，而是从日本运动品牌鬼冢虎那里进货分销，借此先了解市场是否需要质量更高的跑鞋，然后再考虑设计和制造自己的鞋子。后来，比尔·鲍尔曼用他妻子烙华夫饼的铁质饼模制作了第一款方形铁钉鞋，奈特对其进行了投资，并把它发展成了耐克华夫饼训练运动鞋，这款产品很快便成为美国最畅销的运动鞋。[7]

假设你的梦想是写一本回忆录，但成为作家有诸多挑战，这令你不知所措。此时，你可以先尝试发表一两篇文章，谈论自己人生中的小趣事。有了经验和信心以后，你可以尝试写更有分量的文章，讲述人生中的重要事件。之后，你需要关注这篇文章的反响，评价积极则加倍努力，评价消极则调整或放弃。如果你取得了较小的成功，你便能在出书的路上更进一步。

我曾是波士顿一所私立男子高中的董事会创始主席，当时高一的数学老师是一名从哈佛大学毕业的律师，名叫迈克尔，他热爱数学，曾做过高中数学家教，后来觉得自己更想教书。他本可以辞职当数学老师，就像著名风投公司凯鹏华盈的合伙人凯文·康普顿一样。2004 年，凯文挣脱了手铐，离开公司追求自己的热爱，当了一名 7 年级的数学老师，引起了轩然大波。为了探索教学，迈克尔决定小步转变。他仍在律师事务所上班，但会在下午 5 ~ 6 点到学校教数学，一周两次。第一个月的教学让他注意到，当家教与管理一个班的男生不同，班上学生的能力参差不齐，专注于单个学生的需求和整个班级的需求也很不同。他坚持了一年，最终还是做回了专职律师。

心怀"我可能想教书"这一想法的其他人可能会找机会和自己现在的老板约个午餐，自带简餐，边吃边聊，或者在周末去成人教育机构教一节课。乔丹娜在欧莱雅做产品经理时，深信自己想通过教书育人实现自我价值。"于是，我和教育来了场'约会'。我周末常去社区大学教课，空闲时间也去公立学校做志愿者，条件允许的时候还为大学生开讲习班，"她解释说，"和教育行业有过'约会'后，我才感到自己有信心离开欧莱雅，投身和教育有关并且能实现自我价值的事情。"

如果重大转变出现差错，分阶段的做法也可以帮助我们避免亲密关系中的冲击和相互指责。回顾本书第一章，在阿希尔说服鲁帕相信他创业的案例中，最终结果就证明了这一点。阿希尔为了获得未婚妻的支持，不应该描绘"当我们从风险资本家手里集资时""当我们把第一份产品卖给国防部时"的美好图景，他应该对自己的计划和梦想中的潜在陷阱做出清晰的描述，并分阶段推进，让鲁帕充分理解并慢慢适应各种风险和机遇。"我们在一年后可能无法融资，我的计划是，如果真的发生这种情况，我们仍然能够支付账单。如果国防部不签约，我们也在争取中型工业客户，他们也需要清洁技术解决方案。"如果这样讲，就会让鲁帕对阿希尔成为创业者的决定更有信心。当时阿希尔如果采用分阶段的方法，就能改变那些看起来过于冒险的决定，这样他们两人对未来的道路也就会有更多的了解。

用抱负或悔恨促进改变

即使你的大脑告诉你需要改变，你的内心也常常与所有可能超出你舒适区的举动抗争。最好的企业家会激励自己克服这个障碍，要么是因为他们专注于在新的冒险中获得更大回报的前景，要么是因为他们厌恶悔恨的痛苦。

以史蒂夫·乔布斯为例，他当年曾尝试招募其好友史蒂夫·沃兹尼亚克共同创办苹果公司。沃兹尼亚克是一位智商超过200的工程师，他讲求极端诚信，并且已经在从事自己梦寐以求的工作——为计算机行业领军者惠普公司设计科学计算器。按沃兹尼亚克的话说："我当时要研发的产品举世瞩目……我永远没法离开惠普。我的计划是一生都在惠普工作。"[8]乔布斯当时有两大阻力，沃兹尼亚克对惠普的忠诚，还有沃兹尼亚克父亲对他的告诫。"父亲一直对我说，你的工作是最重要的，丢掉工作是最糟糕的事情。"[9]

但是，通过一个又一个阶段，乔布斯向沃兹尼亚克展示了合伙创办个人电脑公司的潜在回报。沃兹尼亚克曾分享自己原创的苹果电路板原理图副本，表示愿意让别人无偿获取，乔布斯成功说服了他，让他改变了主意。沃兹尼亚克认为原理图卖不出去，而乔布斯为了说明团队可以靠此盈利，特别出资请人依照沃兹尼亚克的想法草拟了电路图，他觉得会有公司以每张不超过15美元的价格购买电路图。乔布斯唤起了沃兹尼亚克的冒险精神，说道："即便亏了钱，我们也算是成立了公司。"[10]之后，乔布斯做成了他的第一笔买卖。苹果公司的第一位顾客不想要沃兹尼亚克的原理图，也不想要组装，而是想要 100 台完整的计算机，每台报价 500 美元。在当时，5 万美元的订单是沃兹尼亚克年薪的两倍多。乔布斯立即给在惠普的沃兹尼亚克打电话，说道："你坐下了吗？"[11] 乔布斯将沃兹尼亚克的业余爱好变成了实实在在的订单，向他的朋友展示了他和沃兹尼亚克两人合伙创业的潜力。

再来看看让人遗憾的案例。乔丹娜在离开欧莱雅后意识到，她想对别人产生一对一的深层影响，比如为他人提供咨询服务，带他们走出人生困境等，这就要求她除了MBA学位还要考取临床心理学学位。她申请了心理学研究生课程，并被一所名校录取，但她又立刻感受到压力，因为父母要求她找工作赚钱，偿还学生贷款。她的父母强硬地争论道，"心理学课程什么时候都有"，但她用MBA学位找高薪工作的机会很快就会没有了。由于这些经济手铐，乔丹娜只好申请暂且搁置心理学课程。

在接下来的几个星期里，乔丹娜的悔恨不断积累，她最终决定无论如何都要攻读临床心理学学位。"我心里明白，如果放弃这次机会我会后悔的，这给我了转变的勇气。拿到心理学学位一直是我的梦想。虽然听起来很残酷，但我知道如果放弃这次机会，我会恨死自己的！我将生活在这样的认知中：自己曾经有能力、有权力去追求梦想，最后却选择了放弃。这么做会对我的自我意识产生严重的心理影响。这给了我反抗父母的信心。"甚至在参加心理学课程前，乔丹娜就已经认识到这样一个事实：在晚年，不行动带来的遗憾比行动带来的悔恨要多得多。[12] 乔丹娜对悔恨的反思表明，她正在用自己的价值观取代别人的价值观。

何时调整目标

假设你已经为梦想的第一阶段进行了艰苦的准备，但与乔丹娜不同，你在学习的过程中发现自己根本不应该追求梦想。在转身离去前，请问问自己：我的想法还有别的可行版本吗？答案通常是肯定的。我们很容易为梦想的细节所困，你可以尝试调整或更换这些细节，看看结果如何。与其在小学校园中建立一个反霸凌组织，不如对许多小学已经存在的组织进行管理，或者成为该组织的筹款负责人，这样来得更有效。这些同样是令人激动的伟大梦想，但它们可能更容易实现。

我希望能给你一些启发或者有用的方法，帮助你克服在开启一段新道路时的踌躇不决。同时，我也希望自己没有让你过于兴奋。正如诸位所见，对冒险的过分热情，加上对风险的忽视，很可能会导致我们无力前行，最终悔恨不已。因此，控制热情实在是非常重要。

控制你的热情

常言道，企业家总会跳下飞机，在下落的过程中自己造出降落伞。实际上，最优秀的企业家恰恰相反，他们往往能够抑制住踏入未知领域的冲动。全世界有许多像阿希尔这样的人，他们难以放缓脚步或理性地评估改变，但高效的企业家能做到这一点。当我们发现了热爱的领域，并且想把我们最喜欢的爱好变成一份全职工作时，也是如此。

　　当这一问题从中作梗，而非打破束缚时，我们就得采取另一套不同的做法了。

关注灰色区域

　　最优秀的企业家为了检验自己的冲动之举是否可行，会创建自己所处状况的维恩图，并评估自己在三个准备就绪的领域（见图 2–1）中处于什么位置。他们如果尚未进入中心，便会停下脚步，提前让自己从白色或灰色区域移动到黑色靶心上。

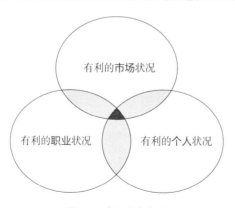

图 2–1　创业准备条件

第一，企业家会问，市场是否愿意为他们的想法买单，他们不会默认自己对这个想法的热情能得到人们的响应。得克萨斯州的巴里·纳尔斯是GTE（美国通用电话电子公司）的一名高管，在这家大型电信公司工作了10年后，他决定自己创业："我想用我从GTE学到的许多实用知识创办一家公司，我想拥有自己的公司。"然而，他的第一次尝试失败了，因为他提供的服务并没有多少需求。"有两件事让我非常痛苦，一是我没休息过一天，二是我手里就这点钱。即便手头有钱，如果没有固定的工资，还是意味着你没钱，所以你注定会破产。这可真是经济和情感的双重打击。"他说道。于是他回到了GTE，学习测试市场的方法，以判断是否有足够的需求来推动可持续性业务的发展，学习如何根据已有的市场需求推出产品。他又在GTE工作了10年，之后再次离开，并成功创办了梅瑟吉电信公司。他现在的计划"非常类似于为GTE推出的产品制订商业计划"。他问了自己一系列问题："我了解什么？我了解电信业，所以电信业就是我们的业务。我认识谁？企业用户。这些企业用户看重电信的哪些方面？他们愿意为哪些服务买单？"[13]

第二，企业家会问，自己是否有足够的职业技能和资源，比如关系网，来实现自己的新想法。纳尔斯在首次创业失败后意识到自己没有研发和推广产品的经验，而且自己与小企业没有任何联系。于是，他积极地通过掌控自己在GTE的职业路径来填补空缺，比如他每一年半或每两年就调动一次职位，以丰富自己的产品体验和关系网络。

第三，企业家会问，他们的个人状况是否良好，能否支持他们。他们的家人会适应这种改变吗？纳尔斯以前一直住在得克萨斯州，创办梅瑟吉公司后举家搬到了洛杉矶，但他很快就意识到，洛杉矶的学校无法满足身患自闭症的儿子的需求。为了让儿子尽快康复，纳尔斯又搬回了得克萨斯州，每隔一周去洛杉矶一趟。他在两种模式中切换生活，但创业的速度也有所减缓。"要是给我儿子指派的医师没有治疗自闭症的经验怎么办？洛杉矶的高生活成本会不会让我们请不起新的心理医生？"纳尔斯对我解释说，如果能提前预料到家里的问题，他和他的妻儿就不必如此折腾了。[14]

无论何时，你只要正在预想改变，都可以使用维恩图。如果急于转换职业，请审视自己的环境，看它能否支持自己的新路径。密切观察任何不利的环境，看看自己是否处于灰色地带，并朝着靶心迈进。当然，你也需要对维恩图进行调整——如果不打算创业，你可以把"市场"换成别的相关内容，比如你所寻求的机会的大小和价值。这个机会令你激动吗？有助于提高吗？回报丰厚吗？

你还可以问自己别的问题：三个因素中哪个最重要，哪个应该占比最大？有利的门槛是什么？哪些因素有利于你做出改变？

你需要集齐三个有利条件吗？如果处于灰色地带，你愿意做出改变吗？最重要的是，如果事前准备这样做，你该如何利用维恩图来改善自己的不利因素呢？

我有两名学生读的是EMBA学位，他们就运用维恩图来评估自己心仪的选择——他们和配偶是否应该再生一个孩子。其中一名学生已经有了一个孩子，另外一名有两个孩子。从一开始，他们对家庭的看重就让我印象深刻，他们也明确表示自己非常享受和孩子相处的时光。在他们的分析中，维恩图的三个圆圈分别与配偶的职业生涯阶段、夫妻维持家庭的经济能力以及自己的职业生涯阶段有关。这三个因素的比重并不相同，在图中的大小也不一样。特别要指出的是，尽管两个学生对每个因素当前有利程度的评估不一样，但两人都把配偶的职业生涯阶段放在了首位，其对应的圆圈都是三个圈子中最大的。

有利的门槛是他们讨论中最有趣的部分——他们是否需要在三个因素都有利的情况下进入靶心？他们能否在缺少一个因素的情况下前进？他们惊讶地发现，至少配偶的因素还有其他一半的因素必须是有利的，他们也意识到这是一个难以达到的高标准。他们尚未达到有利的门槛。他们的妻子正处于不确定的职业生涯阶段，他们需要积蓄，他们自己也在改变工作轨迹。

不过，其中一名学生想到了一个具体的计划，可以在几年内取得 2.5 个有利的因素。他表示："尽管目前我的孩子上日托所需要钱，但等他上了公立学校，经济负担就能减轻，我们就可以重新评估经济状况。此外，现在虽然我想多陪陪孩子，但因为工作不得不四处奔波。也许我可以建立自己的团队，让他们负责更多繁重的任务，让他们替我出差。"如图 2-2 所示，这些行动能让他更加靠近靶心，能让他达到 2.5 个有利的门槛。

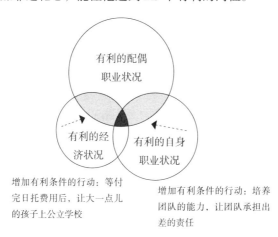

增加有利条件的行动：等付完日托费用后，让大一点儿的孩子上公立学校

增加有利条件的行动：培养团队的能力，让团队承担出差的责任

图 2-2 再要一个孩子的准备

注：圆圈的大小反映其相对重要性

理性评估职业机会也能激发有效的对话。安德鲁和黛安娜是一对 30 岁出头的夫妻，他们在俄亥俄州工作，是家族企业的高级经理。他们在工作上拥有自主权，在企业内部有影响力，收入稳定，工作和生活平衡。他们快要生第一个孩子了，期望附近的亲戚能帮忙照顾。

但是，安德鲁一直梦想着能在硅谷的科技初创企业做刺激、高压的工作。他与一家硅谷知名初创企业交谈了几番，获得了诱人的工作机会。这个工作在很多方面都是安德鲁梦寐以求的。首先，他能回归科技领域。其次，在大学毕业后，安德鲁到科技领域工作了几年并且乐在其中，但后来他辞职去经营家族生意。他亲自参与家族生意，并将其管理得很成功，这使他获得了业务上的信誉，进而给他带来了更多有趣和高度选择性的工作机会。从维恩图的角度看，安德鲁的前两个圆圈分别是科技领域和创业机会。这两个因素都非常有利，非常令人兴奋！

安德鲁和黛安娜明白，如此绝佳的工作机会是非常难得的。然而，这份工作也会打破他们目前工作与生活的平衡状态，而且他们的孩子也快要出生了。更糟的是，搬到旧金山意味着必然会失去家族的支持，没人能帮他们免费带孩子，这些家族资源是他们原本希望能够利用的。安德鲁对我的研究助手说："我们的家族关系网包括姑姨、叔舅、堂表亲、祖父母等，每个成员都可以给我们提供帮助。我们是个大家族，没有谁家的孩子上过托儿所，因为把孩子送到亲戚家再方便不过了。如果我们搬到旧金山，我一周工作80多个小时，照顾宝宝的责任就得由黛安娜承担。我们可以请保姆，但这个选择不太好。我们也不想把宝宝送到托儿所。"安德鲁的父母也坚决反对此举。"对我的父母来说，孙子或孙女马上就要出生了，我们这个时候搬到旧金山对他们的打击是很大的。他们说，你们根本不知道带孩子有多难，在孩子快出生的时候辞职去做压力更大的工作简直就是愚蠢。"

这些顾虑加在一起构成了他们维恩图中的第三个圆圈——家人支持。在坦诚交流后，夫妻二人都意识到，他们的状况根本算不上有利。最终，两人决定放弃去旧金山工作。"只是时机不对。等生完第二个孩子，或者两个孩子都大一点儿后，我希望能重拾这个机会，或者找类似的工作。"他们学到了经验，有了做计划的时间，对于许多挑战，他们可以提前找到应对方案，他们能够提前挣脱经济和心理手铐。虽然这些挑战和手铐曾迫使安德鲁放弃机会，但未必能阻碍他将来再次追求理想。

通过支柱法提升水准

一旦你识别出对自己不利的灰色区域，请思考你需要改变哪些变量来击中靶心。杰夫·斯玛特是G.H.斯玛特创业招聘咨询公司的创始人，他的研究显示，求职者可以通过思考"职业转换的三大支柱"使成功的概率最大化。斯玛特对我解释说："当你为事业成功制定战略的时候，千万不要同时改变过多的变量，这非常重要。"三大支柱可以用以下三个问题概括：你目前的工作针对哪类用户，是消费者、企业、政府，还是董事会或委员会？你销售哪种产品，是消费品、企业软件、营销服务还是个人独特的见解？你日常遇到的最大挑战是什么？

对于那些要转行的人，斯玛特建议他们每次换工作时只改变一个支柱。不改变支柱会导致停滞不前，改变过多的支柱则会带来巨大的风险。

假设有一个人，他非常擅长向《财富》世界 500 强企业的人力资源部门销售软件服务。随后，他改变了他所有技能中的一个支柱，比如产品。现在，这个人开始向《财富》世界 500 强企业的人力资源部门销售薪水管理服务。可以看到，他依旧非常成功。但如果一个人在完全不同的行业向完全不同的顾客销售完全不同的产品，他就没有太多过去的优势可以利用了。他没有关系网络来帮助自己。如果把两个或三个支柱都换成新的领域，人们便很难成功。

为了练习斯玛特的方法，你可以事先考虑与某个潜在雇主的面试。当你只改变一个支柱时，你能够有力地推荐自己，你可以解释自己将如何运用从其他两个支柱领域积累的经验为新支柱领域添砖加瓦。如果你一次性改变多个支柱，也可以练习推荐自己，看看自己的论点对潜在雇主是否仍然有说服力。你可以咨询已经得到你梦想职位的人，看他们使用了哪些技能来取得成功。你需要发现自我推荐过程中的薄弱环节，需要识别自己的经验漏洞，在面试者眼里这个漏洞可能会成为大问题。你可以提前采取哪些方法来弥补漏洞？举个例子，如果你目前在 B2B（企业对企业的电子商务模式）销售部门工作，但注意到有B2C（企业对消费者的电子商务模式）的工作机会，你可以询问当前的雇主，自己是否可以每周花几个小时来做向消费者销售的部分工作。你可以把这种工作当作试金石测试，以此发现未来的挑战，并想办法提前解决问题。

我也建议许多有意申请MBA项目的学生运用同样的试金石测试方法：尽可能地将自己的最佳水准体现在MBA申请表上，给出一个录取你的理由，看看其中是否还有哪些不足，并想办法强化一下。通过此举，你能够促使自己以潜在雇主或者招生委员会的角度看待问题。对申请者来说，关键的问题可能是他们不知道（更糟糕的是他们猜错了）一个有选择性的项目想从新入学的学生那里得到什么。为了解决这个问题，你需要充分利用内部网络，邀请几个对程序十分熟悉的关键性人物，让他们帮忙检查申请程序并着重标出薄弱环节。有位"宽客"（即有金融、数学或工程背景的学生）在咨询MBA毕业生后发现，自己难以在申请书中清楚地体现自身的领导经验，于是他多等了一年以丰富工作经验（他在一个项目团队中做了几个月的领导），并在一项团体活动中担任了领导角色。为了以另一个方面消除疑虑，再举个例子，有位"诗人"（即有着文科背景的学生）意识到，招生委员会可能会怀疑他的定量能力，于是他采纳了一位顾问的建议，参加了一门要求十分严格的企业金融课程，并取得了优异的成绩。

该过程甚至曾让这位申请者考虑是否有必要攻读MBA学位。有了充足的时间和深思熟虑的方法，你就能强化自身资质，提升自身水准。

企业家同样面临着三大支柱的挑战。有些连续创业者在下一次创业中改变了多个变量，比如行业、地点或宏观经济状况（因为他们比别人多等了一段时间才重新开始创业），与那些只改变少数变量的创业者相比，他们公司的运作要差了许多。[15] 连锁餐厅爱面公司的创始人就遇到了支柱问题。他发现，公司新聘用的CEO并不适合这个岗位。新上任的CEO进行了过多的改变：他从一个行业分支跳到另一个行业分支，从一种相当稳定的大型公司环境转移到另一种快速发展、积极进取的文化环境。公司的创始人意识到这位CEO同时改变了多个支柱，于是重新聘用了一位能将支柱变化和持续性更好地结合在一起的CEO。

诚然，有的人能改变多个支柱，同时事业还蒸蒸日上，这样的人我们都能找到几个。有这样的榜样来激励自己度过艰难时期非常重要，我们喜欢看到人们在做出重大人生改变后，仍然可以出人头地。然而，我们不能拼命变成他们的样子，因为他们只是少数人，而不是一般人，那样做会导致我们在人生的关键转折点做出错误抉择。很多崭露头角的企业家都有相似之处，他们都能想出一些首次创业就成为行业巨头并始终掌握公司控制权的创始人。然而，当我让他们举几个例子的时候，得到的总不外乎那几个名字——比尔·盖茨、史蒂夫·乔布斯、马克·扎克伯格，这就凸显出此类企业家的稀有性。为进一步凸显他们的稀有性，我会让学生列出 10 位这样的创始人，他们也会积极应战，急切地想要证明我说的不对。当我请学生举手回答的时候，他们给出的例子远远低于 10 个，而且他们提到的很多名字并不符合要求。比如，比尔·盖茨和史蒂夫·乔布斯总是被排除在外。但是，对比尔·盖茨来说，微软并不是他和保罗·艾伦创办的第一个企业。对乔布斯来说，他在苹果公司的前 20 年里从未当过 CEO，直到苹果公司浴火重生，他才有机会出任 CEO。尽管盖茨和乔布斯通常被誉为杰出的榜样，但他们这种榜样其实是有误导性的。

利用某个支柱不断发展、创新、延伸，这样的体验能让你耳目一新，也能为你带来挑战。同时，你还需要保证你对改变的热情不会导致适得其反的过度延伸。

先试后买

我最终打算离开哈佛商学院。我们一家人在波士顿没有亲戚，所以想搬到有亲人居住的城市。我当时遇到的第一个机会非常诱人，有一所著名的工程学校想开办创业课程，我的两个孩子也住在附近。但我决定与潜在的机会循序渐进地"约会"。我保留了自己在哈佛的职位，但也兼任其他学校的客座教授。通过了解和接触，我看清了这几所学校的不同，审视了我对这些不同的看重程度，并从内部体验了这些学校，然后才决定选择哪所学校作为自己的下一个长期供职之处。前文讨论的是做出目标明确、有针对性的小改变所需的方法，关注的是特定的不确定因素，而非问题的全部。与此不同的是，在他校做客座教授的经历仿佛让我完整地经历了一次改变，获得了这份工作几乎全部的体验，就像自己已经入职新学校了一样。与换错专职工作相比，选错兼职工作的问题解决起来要简单得多。

我借鉴了成功企业家的做法，他们许多人在完全投入一项事业前都会先做尝试。有的人会直接辞职成为全职创业者，但许多企业家在创业的同时也不会放弃眼下的工作。相比之下，后者失败的概率会降低 33%，因为他们能用分阶段的方法了解新行业。[16] 在参加过我研习班的创业者中，有 26% 的人最初都是兼职创业的，他们并没有放弃当时的日常工作和薪水。

分阶段能帮助你挣脱手铐，而先试后买也能帮助你控制热情。你可以在低压的环境里进行一项小型实验，来测试自己是否如想象中一样喜欢新职业、新雇主。并不是每个人都能轻易地到潜在雇主那里兼职，但你可以尝试寻找创造性的短期工作，这样也能达到同样效果。换言之，先"约会"再"结婚"。你一旦和一份工作"结婚"，想修改你的诺言是无比困难的。如果事情没有自己想象的那样美好，你的决定也很容易撤销，因为你没有放弃原有的工作。还有一点更棒，在这个过程中，你也许已经学会如何在工作中减少承诺，或者弄清楚如何平衡自己不断增加的工作责任和家庭责任，以便更轻松地进入下一个"测试项目"。

有人想要为社会企业献力，但并不确定自己的营利性技能能否在这个新领域派上用场，这类人可以尝试在非营利组织做志愿工作，在某个定义明确的项目上做先锋。根据我的经验，有两个非营利性领域可以受益于营利性专业技能，分别是治理实践和财务流程。你可以和非营利组织的董事会成员交流，谈谈他们强化责任制的方法。他们是否会定期审查和评估该组织的CEO？他们在建立评估制度方面是否需要帮助？再罕见一点儿，董事会是否定期进行自我审查，以寻求改进的方法？如果你发现了非营利组织能从中受益的某个营利性实践，你就可以与该董事会成员合作开展一个兼职项目来介绍这种实践。在财务流程方面，如果你在与该组织的财务主管交谈时发现自己可以提供最佳预算方案，并且主管也乐意采纳，这时你就可以制定项目将其融入该组织已有的财务流程。

这些项目会让你看清自己能否发挥期望中的作用，或者看清该组织是否会拒绝你的想法，如此便可判断是否应该深化这种关系。你可以在业余时间尝试自己的想法，即便出错也能轻易抽身，因为你保留了正职。但在这个过程中，在给他们机会考虑是否录用你的同时，你也要想好自己是否真的愿意完全投身这项工作。

当然，这些课程同样可以延伸到真正的约会上，无知的热情会让你误入歧途，以正确的方式约会则会为你带来巨大的收获。在爱慕一个人的早期，你可以通过约会来发现潜在的问题。这些问题如果在以后发现可能就会成为真正的问题，但在现在发现或许还能加强你们的关系。如果宗教信仰对你来说很重要，你就需要深入了解对方的信仰和宗教活动，评估两人能否共处。你需要探寻两人期望的关系，比如结婚生子、婚而不育或恋而不婚。他像你一样爱存钱，还是像你一样爱挥霍，还是喜欢透支消费？当你们的联合支票账户余额低于 5 000 美元时，他对你的苦恼会不屑一顾吗？这一点类似于企业家评估一个合伙人是会在创意的早期测试上投入大量资金，还是会在市场营销上投入大量资金，而另一个合伙人希望节省资金。有些问题如果在几个月或几年后（或结婚后）才发现，可能会造成毁灭性的后果，你需要预见这些问题，并在约会的同时想办法提前弄清它们是否存在。

先试后买也有不利的一面，它可能会导致选择过多，让我们不知所措。没有选择可能会招致苦恼，但随着选择由少变多，我们的苦恼也会不断增加。[17]快速市场由乔·库隆布创建，其总部位于洛杉矶。20 世纪 60 年代，快速市场在与另一家商铺的竞争中遇到了麻烦，因为对手的商品种类一应俱全。1967 年，库隆布创立了乔氏超市杂货连锁店。该商店的基本理念之一是限制商品种类：乔氏超市每个店存有 3 000 ~ 4 000 件商品，而竞争对手的库存高达 50 000 件，乔氏超市的库存比竞争对手少了很多。[18]

结果，乔氏超市每平方英尺[①]的销售额成了业内最高，是其直接竞争对手全食超市的两倍，而全食超市在商铺中存有超过 20 000 件货物。[19] 求职者也不喜欢选择过多。巴里·施瓦茨是斯沃斯莫尔学院的心理学教授，也是《选择的悖论：用心理学解读人的经济行为》一书的作者，他研究了 11 所大学的 548 位求职的大四学生，从当年 10 月份一直跟踪到他们次年 6 月份毕业。对于那些坚持不懈地评估完最后选项的人，我们称其为"最大化者"，他们最后的薪水比平均水平高出 20%，但他们对结果感到更不满意。"这位最大化者非常懊恼，因为他无法对每个选择都加以细致的调查，到了一定时刻就必须做出某种选择。"施瓦茨如是说。[20] 他建议最大化者应该放低目标，选择一个满足预先确定的核心要求的选项。之后，他们便可以专注于这个选择的积极属性，从而放下别的选项。

还有一点要注意，不要高估"约会"和"结婚"的相似度。即便在对新事物稍加体会之后，我们仍要小心这种体验方式和完全投入的体验可能是不同的。对我的孩子来说，到加利福尼亚转转和生活在那里的体验肯定是不一样的。我在做兼职教授的时候必须提醒自己，不要用兼职教授的经历过度推断在该校做全职教授的生活。现实中的约会和婚姻也是这样。对同居的浪漫期望能

---

① 1 平方英尺 ≈ 0.092 9 平方米。——编者注

帮助情侣判断将来是否应该结婚，但宾夕法尼亚州立大学的家庭问题研究学者克莱尔·坎普·杜什领导的一个研究团队发现，在1 425对美国夫妇中，婚前同居的夫妇与婚前没有同居的夫妇相比，前者的婚姻质量更差、更不稳定。[21] 在开始约会时就要睁大双眼，你不仅要关注你的潜在伴侣，也要关注目前的情形与自己未来终将面对的情形有几分相似。

摘下乐观的眼镜，借助外部的力量

即使我们以为自己已经睁大了双眼，我们也常常被自己的热情误导。神经系统学家塔利·沙罗特提醒说，我们习惯戴着乐观的眼镜，或是低估了离婚的可能性，或是高估了在人才市场成功找到工作的概率。[22]（你是否想起了那些对公司创业前景过于乐观的小型企业主？）为了从实际出发，你需要用理性来抵消内心对改变的渴望。如果想换工作，你需要对新岗位做一些详尽的调查，以避免"这山望着那山高"的偏见。也许你可以借用"带女儿上班日"的概念，找一个相关领域的人带你一起工作（即便那个人从年纪上看起来压根儿不可能有你这么大的女儿）。

如果无法抵消内心的情感，你可以依靠别人。布莱恩·切斯基、乔·杰比亚和内森·布莱卡斯亚克于2007年创立了爱彼迎，公司的首批顾问来自YC孵化器的加速计划，其中包括像YC孵化器创始人保罗·格雷厄姆这样的创业专家。在爱彼迎成立之初，大部分潜在用户都没听说过这个名字，没几个人使用其提供的服务，这时格雷厄姆带着他的关键建议来到了公司。当时的团队已经想尽了一切办法吸引用户，"但事情毫无起色，"杰比亚说，"格雷厄姆把我们带出舒适区，让我们和正在使用我们在纽约提供的服务的用户交谈。"[23] 尽管格雷厄姆没有明确的解决方案，但他明白和用户交谈有可能会找到问题的根源。在纽约，各位创始人从爱彼迎房东那里预订了房间，他们住在房东家里，并和房东谈论爱彼迎的服务。通过此举，他们了解到，网站上列出的不好看且模糊不清的房屋照片让许多潜在的租客望而却步，人们仍愿选择更为熟悉的酒店。于是，爱彼迎招聘了专业摄影师来拍摄房间布局，这让租金得到飙升！格雷厄姆的建议能够让爱彼迎的创始人在几个星期内发现关键问题，而不用花费几个月甚至几年的时间。

　　许多最杰出的企业家都认识到外部顾问的价值，他们或者建立了自己的智囊团，或者对正式的CEO论坛深入挖掘，让自己更贴近现实。我们也可以这样做，系统地认识并结交各类顾问，使其帮助我们思考面临的挑战。切斯基现在是爱彼迎的CEO，他经常直奔源头，找到某个领域的权威专家并寻求他们的帮助。随着爱彼迎规模的不断扩大，切斯基能够通过开会或打电话从别的企业家身上学习经验，包括脸书的马克·扎克伯格和亚马逊的杰夫·贝佐斯等人。（我的亲身经历加深了这一印象——许多创始人在回馈下一代企业家的时候都是十分大方的，有的创始人甚至自掏腰包坐飞机横跨多个国家来参加我的 80 分钟的课程。）除了运用业内领军者的思维，切斯基也会向其他意想不到、毫不相干的行业专家寻求帮助以获取深刻的见解，从而综合各种不同的想法。例如，当切斯基面临招聘困难时，他可能不会寻求大公司人力资源部负责人的帮助，而是去找好莱坞电影经济人，因为经济人的职业生涯全靠吸引人才。切斯基不断地构建他的顾问关系网。通过苹果公司的首席设计官乔尼·伊夫，切斯基了解到，苹果公司可以把所有产品都放在一张餐桌上，这体现出苹果公司对凝练的重视。随着爱彼迎的发展，切斯基依靠外界专家的帮助弥补了自身知识的空白。[24]

如何吸引外部力量才能让他们肯花时间帮你呢？优秀的企业家会给那些有影响力的人做一些小项目或者帮他们忙，以建立友好关系和强大网络。菲尔·奈特和他的传奇教练比尔·鲍尔曼就建立了亲近的关系，鲍尔曼后来则用他的华夫饼铁模创造出耐克的第一款鞋底——华夫饼图案。[25] 奈特则作为鲍尔曼的实验对象，成为第一位在比赛中穿鲍尔曼定制鞋跑步的人。[26] 通过此举，奈特巩固了两人的关系，最终把鲍尔曼变成了他蓝带体育用品的合作伙伴，而蓝带体育用品公司就是耐克的前身。

培养这样的人际关系能让你洞悉在未来的尝试中可能遇到的挑战，也能让你认识到大胆行动可能带来的补偿收益。你应该和已经决定实施类似计划的人交流，和对于你正做的事情有丰富经验的人交流，而不要局限于那些比你早一两年从事相关工作的朋友，或者那些碍于私人关系而无法坦率批评你的人。如果想要了解关键的挑战，你需要一个有经验又坦率的人——他们就像真正的董事会必须做的那样，愿意给你提出尖锐的问题。这样的顾问能帮你以低成本学习经验，而别人要付出高昂的学费。顾问也能帮你想办法解决甚至缓解问题。

这些顾问能帮你抵制诱惑，避免在你的另一半面前鼓吹未来道路的美好前景。如果有顾问的敦促，阿希尔本可以和鲁帕提前商量，坦诚地交流他创办公司的雄心以及这一计划对家庭的影响，无论是好是坏。如果有顾问的建议，阿希尔本可以询问自己未婚妻的担忧，并集思广益，通过更充分的准备或调整创业时间来解决这些问题。像阿希尔这样的人，越早考虑这些不确定性因素，就越能进行有效管理。

这样的方法也适用于我们在个人生活中面临的问题。假设你刚学会走路的孩子被诊断患有学习障碍，而你有信心自己能处理好这个问题。尽管如此，你可以找找看有没有谁家的孩子也曾被诊断出类似疾病，这将有助于你确保自己真正了解这类问题的长期影响，真正了解如何给予孩子需要的支持。回顾之前的例子，洛杉矶的学校系统在特殊需求服务方面存在不足，因此巴里·纳尔斯被打了个措手不及。倘若他能提前在洛杉矶寻找自闭症儿童家庭，并和这个家庭进行交流，他就不会被两次搬家的问题弄得劳神伤财了。尽管我们无法预测每个事件的可能性，但你可以聚焦常见的重大问题，或者会给你带来巨大损失的问题，这能帮你发掘潜在的危害。

保持兴奋

当我和学生或准企业家讨论风险管理策略时，他们有时会半开玩笑地指责我是在扑灭他们的热情。他们问我，如果必须画维恩图、考虑支柱、向外部借力，那又如何对人生的改变保持兴奋呢？

听到这个问题，我问他们是否知道英文"passion（热情）"一词来源于拉丁语，意为"受苦"。我不想打压他们的热情，只想帮他们减轻热情带来的痛苦，而痛苦往往是热情的一部分。

希望我在努力减轻痛苦的过程中没有给你留下这样的印象：我相信应该努力从人生的重大变化中汲取情绪。恰恰相反！我非常欣赏情绪在决策中起到的积极作用。即便企业家能够完全搁置情绪，最终还是会让决策更糟糕，对非创业性决策而言同样如此。比如，神经系统学家安东尼·达马西奥曾记录过一位病人，额叶脑部手术对这个病人没有造成关键性伤害，但让他失去了情绪——他感受不到喜悦或痛苦。这听起来不是很糟糕，在我们的一生中大概都有这样的时刻，希望能够摆脱情绪的过山车。但实际上这是毁灭性的缺陷。这位病人在其他方面都很健康，但他无法做出明智的、深思熟虑的决定。他的企业以破产告终，他没了存款，他与妻子离婚、再婚、又离婚，他无法从自己的过错中吸取教训。通过研究这位病人及其他诸多有着类似缺陷的患者，达马西奥得出结论，情绪在支持决策中起着至关重要的作用。[27]

情绪是人类不可分割的一部分——我们永远无法将情绪从自己的行为中移除，也不应试图将其移除。在下一章中我们会看到，最大的挑战在于如何利用情绪，使其为我们所用，而不是阻碍我们前行，如此我们才能实现理性和感性的有效平衡。无论是处于失败的深渊，还是处于成功之巅，这一点同样适用。

第三章

无论成败，保持斗志

　　每个人都会在脑海中想象扮演一个我们真正喜欢的新角色。如果好好利用这些想象的话，它们就会产生强大的激励作用。然而，很多人也会对令人极度消极的想象难以释怀，想象着如果极力追逐梦想，最终却功亏一篑，那时又会怎样？我们之所以会犹豫不决，是因为前方的道路需要我们学习全新技能，离开支持网络，拿声誉冒险，全部都用来赌一个更好的未来。你如果小时候也像许多孩子一样学过钢琴，就知道当你完全掌握了一首曲子并想在众人面前一展琴技时有多自豪。相比之下，一个星期之后，你还在苦苦练习这首新曲子，却根本不想让家人或邻居听到，如此又会作何感想？

在我们最脆弱的时候，我们甚至可能预见失败带来的极端后果：丢了工作，现金短缺，财产尽失，依赖他人，形单影只，没人赏识，尊严无存，如此种种，就如同活在狄更斯式的悲剧中一般。对失败的恐惧是一股强大的力量，会阻止我们探索自身潜能的极限。但反过来说，如果一味沉迷于想象成功之后的情形，我们很可能会忽略其潜在后果。如果我真的如愿升职了，公司对我的要求会有什么变化？如果我的女朋友真的答应了我的求婚，而且我们必须得在预算紧张的情况下筹备婚礼，我该怎么办？如果我最大的孩子进入一所名校，我却负担不起，又该怎么办？

换句话说，我们不太擅长对失败和成功做建设性的思考。在这方面，我们可以从企业家身上学到很多。

创业者很快便会习惯失败的感受，当然他们当中的佼佼者会有成功的体验，但通常也免不了失败。他们会逐渐认识和体会到巨大失败与巨大成功的苦辣酸甜，这种熟悉感会让他们知晓无论成败皆可应对的不同寻常之法。在下文中我们会看到，众多创业者如何践行"反脆弱性"（该术语借自纳西姆·尼古拉斯·塔勒布），从损失中汲取力量。[1] 他们建立各种保障体系保护自己，从而更加坦然地接受失败并学会如何从失败中获得经验教训。这些创业者对失败的威胁时时保持警惕，同时也为成功可能会带来的具有挑战性的后果做好准备，万一他们的梦想真的实现了呢！

恐惧失败会摧毁人心

以劳伦·凯为例，她成立了一家名为"约会戒指"的公司并担任CEO，这家初创公司极具潜力，为原本毫无人情味的线上搜索约会伴侣增添了线下个人相亲的形式。合伙人艾玛·特斯勒自誉为"人际关系与性爱专家"（她曾是曼哈顿哈莱姆区的一名性教育老师），她将成为公司的首席幸福官。二人开始制订计划，开发网站，制作相亲模板，并筹集外部资金。

创业初期，她们决定成为上千家初创公司中的一员，争夺久负盛名的YC企业孵化器的一个珍贵位置。众所周知，YC帮助了许多初创公司，其中包括多宝箱、爱彼迎、条带、红迪网、查尼弗斯等，这些公司后来都给各自的产业带来了翻天覆地的变化。凯和特斯勒两人中了大奖，她们得到了名额。2014年1月，两位联合创始人进入YC，而剩下的98%的申请者都被拒绝了。

劳伦·凯说，在YC的三个月里，她们不断被灌输这样的理念：你们已经成功进入一个极为高端的创业者俱乐部……在创业方面，你们的工作就是管理这些极速发展的公司，它们充满了魔力，所以有人愿意投入数千万美元，有时甚至几十亿美元。你们正在定义一个全新的未来。这些创业者正在创建的公司具有革命性，会对现状提出挑战。为了达到这个目标，这些初创公司必须以极快的速度发展。劳伦·凯说，如果YC中有初创企业想要缓慢地成长，那么YC的反应为："你为什么来这里？你为什么来到YC？你与这里根本格格不入……这就像是在奥运会赛场上，大家都在讨论如何脱颖而出，而你又在干什么?！"[2]

从YC出来后，劳伦·凯和艾玛·特斯勒的公司势头强劲，发展速度极快，吸引了许多潜在投资者的注意。除了YC提供的10万美元初始投资，她们二人还通过天使投资人筹集了25.5万美元，这些人都是拿自己的钱来投资的富人。2015年4月，劳伦·凯和艾玛·特斯勒登上了《纽约时报》，该报以《初创企业融合了老式的婚介和算法》为题，为两人做了专题报道。[3]

然而，情况很快变得更加艰难。公司收益停止增长，用户数量增速缓慢。经过几次艰难的努力，两人开始怀疑自己的未来。在一段难熬的时间里，一位采访者曾问过她们："你们害怕未来会发生什么事？"劳伦·凯想了想，然后严肃地答道："害怕公司没钱了，那样我就得离开公司，成为一个落魄的失败者。"她们的公司曾享有很高的知名度，倘若它真的要倒闭，肯定会人尽皆知，而凯本人也只能回到以前的雇主那里。"回到从前工作过的地方肯定会让我颜面尽失。"[4]

劳伦·凯的父母也在"约会戒指"公司投资了几万美元。对凯来说，公司倒闭就意味着没有履行自己对母亲的承诺。"我向来说到做到。我觉得自己已经失败了，在面对父母时，这种失败让我无地自容。这就好像我要向他们承认这个他们始料未及的巨大失败，而这是他们没预料到的。"[5]

对于这样的未来，她的合伙人特斯勒更是感慨万千："大家都会知道我是一个失败者，我曾说过，我可以用自己的方式获得成功。我知道创业不是寻常路，也曾经要求大家对我有信心。有人曾说过我会失败，而现在我证明了他们是对的。"[6]

劳伦·凯和艾玛·特斯勒都害怕公之于众的失败，她们正面临着一个棘手的选择：是冒着彻底失败的风险，继续追求YC的极速增长模式，还是缩小自己的野心，建立一家小规模的公司。在承认自己对失败心存恐惧之后，两人紧接着决定取消近期与潜在投资者的会议，并大幅度缩减她们的增长计划。凯离开了公司，几天后决定申请读研。但之后她意识到这么做的目的是"清楚地回答那个令人绝望且来势汹汹的问题，即'接下来的人生要怎么过'"。在意识到这一点后，她叫停了自己的计划，说道："从一份工作立马转到下一份工作，就好像是你有了新欢就马上与旧爱分手一样，很可能会重蹈覆辙，原因是你没有反省自己。"[7]于是劳伦·凯在等待面试全职工作的同时，找了一份家教的工作，闲来跑步、煮饭，但这些都不是她想要的。她承认："那时候我不知道自己是谁，也不知道自己在干什么。"[8]

"接下来该怎么办？"这个问题在劳伦·凯的脑海里盘旋了一年，直到她再次遇见特斯勒。这位前任合伙人问道："既然你现在这么开心，为什么还要做别的事情？"劳伦·凯意识到"我之前的确很开心，但是其他人都觉得我应该做得更多"。不久之后，特斯勒也离开了公司，彼时"约会戒指"缩小了规模，由一位与他们长期合作的媒人接手，变成了一家盈利的小公司。特斯勒重返大学，想要拿到硕士学位并成为一名治疗师。回想那些在"约会戒指"充满压力的日子，她的心里五味杂陈："之前我的身份认同感来源于经营公司，失去这种身份认同感是一种损失……但现在说到管理公司我就想跳楼。"[9]

尽管我们脑海中都有勇敢无畏的企业家形象，但像劳伦·凯与艾玛·特斯勒这样让内心对失败的恐惧左右重大决策的企业家大有人在。全球创业观察（GEM）项目研究了几十个国家的创业者观念，评估事项包括能够在本国范围内察觉创业机会的人所占百分比，他们对自己的创业能力是否有信心，以及创业是不是理想的职业选择等。GEM还给出相关数据，说明对失败的恐惧会阻碍人们做出重要的职业选择，并指出这一问题是很普遍的。结果非常一致：无论是在要素驱动经济体（如阿尔及利亚、委内瑞拉）、效率驱动经济体（如阿根廷、匈牙利、俄罗斯），还是创新驱动经济体（如芬兰、新加坡、美国），30%～40%的人认为，对失败的恐惧甚至会阻止他们开始创业。[10]

与企业家相比，非企业家也许更惧怕失败。特尔曼·克努森是一名治疗专家，回看十多年的从医之路，他说道："如果询问普通人尚未完成目标的原因，你就会发现，对大多数人来说，对失败的恐惧是成功路上的头号绊脚石。在绝大多数情况下都是如此。"[11]

每个人的目标都不相同。作家史蒂芬·康普顿曾对一个老朋友怀有浓烈的情感，她如是评价这位朋友："没人像他那样了解我。"他是史蒂芬交往时间最长也是最亲近的朋友。跟他在一起，史蒂芬可以毫无隐瞒地做自己，并且"他们有说不完的话，可以一连说几个小时"。史蒂芬很想问问他是否愿意进一步发展两人的关系，和她成为恋人。然而，她犹豫了。万一他对我没感觉，这会不会伤害我们的友谊？拖了几周，她终于鼓起勇气要去"表白心意，实话实说"。然而那天，她发现这位朋友刚刚开始和别人约会。讽刺的是，此前她犹豫不决的原因居然是不想毁了这份友情。"事实上，他有了女朋友之后，我们也做不成朋友了。"她苦笑道。史蒂芬犹豫不决，不敢拿友情冒险，这让她为自己没有努力追求更有意义的关系而感到后悔："如果时间可以倒流，我会回到几个月前，给自己一拳……后悔是生活的一部分，有些后悔可以接受，甚至是十分有趣的，但是有些后悔会令人难以释怀。我的后悔属于后者。"[12]

经过几次这样的犹豫不决就会令人过度谨慎，我们大多数人对这种心态并不陌生。如果你在路边崴了脚，那么接下来的几天里，你每迈一步都会小心谨慎，但及时止损的心态同样会让你陷入困境。你在过马路时如果小心翼翼地看着脚下的路，就无法注意迎面而来的车辆，这样的走路方式会使其他部位的肌肉负担加重，你的另一只脚踝也有受伤的风险。

事实上，这种过度谨慎的做法折射出人类显而易见的固有偏见：讨厌损失的倾向。相比于有所收获，我们更愿意避免损失。[13] 保守主义本身不是什么大问题，但它会从根本上影响我们对损失的看法。事实上，我们天生讨厌失败的本能使我们在遭遇失败时不会完全承认自己失败了。这让我们很难充分利用失败，更谈不上在理想的情况下将这些失败变为机遇了。对失败的恐惧让我们的处境不断恶化：在本应合作止损、重新获得动力的时候，我们却对彼此怀有戒心，相互指责。

在我们步入中年的过程中，这种"避免损失"的心态可能会在更大意义上困扰我们。很多时候，我们会放弃那些能让自己获得强烈满足感的大计划，而去忙活没完没了的小事情，这么做的主要目的是让老板开心，让批评我们的人满意。这些小事情包括：在每月几乎没有变化的报告中更新数字，为一个毫无前景的项目准备幻灯片，全面回击同事的抨击，等等。最终，我们会问自己："勇敢的行动呢？伟大的计划呢？"

因为害怕小失败，最终却留下了大遗憾。

思　考

- -

现在请思考以下几个问题。

- 你是否因为害怕失败而在抓住有趣的机会方面犹豫不决？

- 就像年轻的钢琴家会避免当众演奏新的曲子一样，你是否会避免在他人面前尝试新事物？

- 试想一下，如果你失败了，你可能面临的最糟糕的情况是什么？从失败中完全走出来会有多难？

- 如果你曾因为害怕失败而放弃追求目标，那么你现在是否后悔过？

成也，败也

以上问题可以帮你解决另外一个相关的问题：仔细思考并为目标达成之后的诸多事项做计划。正如温斯顿·丘吉尔所说："与失败带来的问题相比，成功带来的种种问题虽然更令人满意，但它们解决起来一点儿也不轻松。"[14] 你如果觉得我好像在说一种不太可能的美事，那么还是好好考虑一下未能做好准备所导致的一些非常现实的后果吧！

成功会带来诸多问题。例如，在被第一志愿高校录取的大学生中，约有 26% 的人因为无法负担学费而选择放弃求学机会。[15]
买了房子的人也会遇到类似的状况。例如，2011 年，经济衰退
过后，有 1 210 万个美国家庭的房屋抵押款严重缩水，此后几年
尽管情况有所好转，但截至 2017 年仍有几百万家庭处于同样的
境地。[16]

在职场中，有一种普遍存在又令人意外的现象，即每个人
都会晋升到其不能胜任的职位，这种现象被定义为"彼得原
理"。[17] 在某个职位上表现良好的员工常常会在下一个职位上表
现不佳，因为他们没能达到新职位的要求，于是失去了再次升职
的机会。这一原理同样可以解释为什么冠军销售员在被提拔为销
售经理后表现不佳，或者最优秀的研究人员在被任命为学术部门
负责人后难以胜任。

初创企业以极快的速度经历各个发展阶段，随之而来的便
是各个阶段逐渐增加的不同需求，此时创业者就体现了彼得原
理。以希腊酸奶公司乔巴尼的创始人哈姆迪·乌鲁卡亚为例。乌
鲁卡亚在土耳其的一个小村庄长大，他的父母是制作奶酪和酸奶
的库尔德农民。因为政府对库尔德少数民族进行镇压，正在安卡
拉大学学习政治科学的乌鲁卡亚于 1994 年离开了土耳其，来到
美国学习英语和商务课程。[18] 乌鲁卡亚认为美国的酸奶还有待改
进。"我发现美国的酸奶实在让人无法接受，太甜太稀。每当想
喝酸奶时，我就会自己在家做。2005 年，我无意间看见了一封

垃圾邮件，邮件上说卡夫即将出售一家酸奶厂，对此我感到很好奇。"[19] 于是，乌鲁卡亚买下了这家工厂。

不到三年，乌鲁卡亚的乔巴尼公司就已经在巨大的酸奶产业中占据了最大的市场份额。用乌鲁卡亚的话来说："在乔巴尼进入莱特超市后的几周内，公司就开始接 5 000 箱的大订单了。当接到第一个订单时，我反复确认上面写的不是 500。很快我们就明白，我们面临的最大挑战不是卖足够多的酸奶，而是生产足够多的酸奶。"乌鲁卡亚是对的，截至 2014 年，公司的销售额超过了 10 亿美元。乌鲁卡亚获得了巨大的成功。他接到了许多投资者的电话，这些投资者看好乔巴尼公司的飞速增长，并且有兴趣投资。"希腊酸奶广受欢迎，于是像达能和优诺这样规模较大的酸奶制造商都要推出自己的希腊酸奶。我们必须加速发展，以阻止实力强劲的老牌公司窃取我们创造的市场。有段时间我和私人募股公司进行了通话和开会，这些公司试图让你怀疑自己，这是他们一贯的做法。他们一遍又一遍地在我耳边说着同样的话："'你以前没干过这行'，'这不是一个适合创业的世界'。"[20]

面对这些负面反馈，乌鲁卡亚越发自信了。他反复思量，认为自己前期所做的大部分决定都是对的，那么为什么说到企业扩张他就会犯错呢？"除了钱，这些人还能带来什么？"乌鲁卡亚颇为自豪地说。在没有任何经验丰富的专业人员掌控全局的情况下，没有人比他更适合经营这家公司了。他认为没有必要加强自己或者公司团队。当他的竞争对手将他们的第一批希腊酸奶推入市场时，乌鲁卡亚十分担心。然而，在尝过这些酸奶后，他发现自己多虑了。"当我第一次尝到他们的希腊酸奶时，我认为这酸奶肯定坏掉了，因为它太难喝了。我甚至怀疑这些公司是不是故意把希腊酸奶做成这样，好让消费者望而却步，从而毁掉希腊酸奶这个品类，目的是保住其知名品牌的利润。"直到目前为止，乔巴尼公司还是安全的。[21]

然而在此之后，乔巴尼的酸奶出现了质量问题。2012 年年底，乔巴尼公司投资 4.5 亿美元在爱达荷州的特温福尔斯建立了一家最先进的酸奶厂，该厂距离总部约 2 000 英里①。之后，消费者便开始投诉乔巴尼的酸奶起泡、胀袋，于是公司宣布大规模召回。食品杂货商对这家公司失去了耐心，他们开始减少该产品的货架空间。该公司的竞争对手，例如达能和优诺，则借此机会积极扩大产品种类。最终，2013 年下半年乔巴尼的销售额急剧下滑，经营亏损超过 1.15 亿美元，公司负债超过 7 亿美元。因此，乌鲁卡亚改变了主意。他向一家大型私人募股公司得克萨斯太平洋集团求助，该公司拥有深厚的财力和广阔的产业关系链，以帮助公司规模合理化。在产品召回后的三个月内，乔巴尼聘用了三位经验丰富的员工，三人均拥有 18 年以上的工作经验，其中包

---

① 1 英里 =1.609 344 千米。——编者注

括一位首席财务官（CFO）和一位供应链专员。乌鲁卡亚说道：
"我们从一无所有到赢利 10 亿美元，在这个过程中，那些岗位上
的人本应该换了三四轮了。但是我没有这么做，因为他们真的很
优秀。" [22]

　　让我们把目光从乌鲁卡亚的故事移开，来看看更加广泛的产
业模式。当公司扩张或涉猎更多的领域时，为公司打响头炮的人
通常不能胜任接下来的工作。我们往往特别忠于那些帮助我们创
业的同事。在公司创立初期，我们更需要的是可以担任不同职位
的灵活的人，即使他们任何一项工作都做得不够好。在获得成功
和成长之后，工作的挑战往往会提高对特定职能的卓越需求，超
过对灵活性的需求，这些挑战迅速超出了早期参与者的能力。然
而，在公司发展到下一阶段时，领导者没有及时升级公司团队。
在这样的情况下，成功来得越快，矛盾就会越激烈。大脑不停地
说要换掉早期的员工，内心却十分抵触。"什么？换掉那些帮助
我们取得成就的人？他们真的很优秀！"这里体现了彼得原理的
一个非常不同的版本：根据经典原理，这并不是说人们已经在一
个稳定的组织中晋升了，而是组织已经超出了他们的能力范围，
即使他们的角色和以前一样。

　　对所有人来说，成功都伴有极大的风险，刚开始这令许多人
费解，对向这些风险低头的人来说也很刺耳。我第一次注意到这
些风险是在对 200 多家初创公司进行研究和分析之后。虽然许多

创始人兼CEO成功地完成了研发首批重要产品这一艰难的任务，但他们作为CEO也极有可能被人取代。实际上，在产品研发出来之前，科技型联合创始人是领导者的最佳人选。然而，一旦产品研发成功并且准备向顾客销售，公司面临的挑战就不大相同了。技术项目必须形成一个团队，该项目团队必须与销售团队合作。公司CEO必须组建、领导并团结各个部门。然而，科技型创始人通常缺乏经验，不能履行这些职责，他们甚至都不知如何面试员工，更别说管理与团结员工了。职能本质上的变化让创始人最初的专长变成了短板。当这些变化突然发生时，就算是最优秀的科技型创始人也会面临知识瓶颈，这会拖累甚至拖垮公司。

说到自我意识，迅速成功的人比乌鲁卡亚面临的挑战更加严峻：他们自己的成功会进一步蒙蔽他们的双眼，让他们看不见成功可能成为挑战的迹象，相反，他们会坚定地认为自己已经完全掌握了游戏规则。以乌鲁卡亚为代表的优秀创业者群体，即使在公司取得飞速发展后，仍能继续领导其公司大步向前。然而，即使我们都能说出几位类似的创始人的名字，那也只能说明这些人之所以出名，正是因为他们是极端例外的情况。[23] 在绝大部分情况下，成功的创始人都会被成功带来的挑战蒙蔽双眼，这一点与乌鲁卡亚的经历如出一辙。

生活中也有许多成功带来的风险。我们通常会满怀热情地投入一项新任务，并向着下一个阶段攀爬。在目标实现后，我们会欣喜若狂。然而，下一阶段的挑战往往会令我们措手不及，最美好的梦想还来不及实现，最骇人的噩梦便已开始。

如果成功带来的挑战与我们此前遇到的种种挑战存在本质上的不同，那它们就是非常严峻的挑战。在初创公司中，创新的挑战被发展的挑战取代，前者需要领导才能，后者则需要运营才能。在一个项目中，实现设计里程碑的挑战，通常会让我们忽略执行设计阶段会面临的新的更艰巨的挑战。在家庭生活中，我们兴高采烈地完成一个阶段的任务，却在下一个阶段发现意想不到的失望与沮丧。例如，一家人租住公寓好多年，但一直梦想着买套房子，也非常有前瞻性地攒下了首付款。在看了几个月的样板房后，他们终于找到了心仪的房子，一番商谈后，双方签了买卖协议，然后一家人欢欢喜喜地收拾行李准备搬家。终于要过上梦想的生活了！然而，有房可居的热乎劲儿并没有持续多久，这家人很快就发现，草坪要不时地修剪，地下室要防水淹，人行道不清理就要被罚款，屋顶上缺少瓦片，在车被砸坏前需要移除的树，他们不喜欢操心这些，也没有能力照顾它们。还有那没完没了的税费、水费、设备维修费和垃圾回收费，这些他们都应付不来。现在他们只想再做回租客，过简单的生活。

对这家人来说，成功本身便带有挑战性，只是他们在一门心思追求成功的同时，压根儿没想着要为应对这些挑战做准备。遗憾的是，现在放弃房屋所有权对他们而言更加艰难。一旦做出撤销的决定，他们就得付出更加高昂的代价。他们现在不得不卖掉房子，并支付相关的房地产经纪人费用和搬家费用。最终房子是卖掉了，但毫无成效，这家人现在的处境比没搬家前还糟糕。我们在下一章中会看到，许多创业者在达成目标的同时，也能为继续取得成功创造条件，而不是让自己沉溺于一时的成就，上述这家人和乌鲁卡亚都可以从创业者的经验教训中受益。

思 考

- 你是否曾经被提升到一个你心仪已久的新职位，却发现自己力不从心，难当其职？

  - 工作之余，你效力的球队打进了季后赛，接下来要面对更高水平的挑战，却发现自己没做好准备？

  - 回想一下你申请学校的日子，你是否在被理想的大学录取后，担心或发现自己可能达不到该校要求的高水平表现？

- 当出现上述情况时，你有没有什么办法事先做好更充分的准备，让自己的成功更持久？

事业与家庭，两者可双赢

说到耐克公司的创始人菲尔·奈特，到 20 世纪 70 年代末，他的公司就已经成为美国最大的运动服饰公司。然而，当时耐克公司的管理团队仍由奈特本人及其一众朋友组成。他们开会时很吵闹，一言不合就会升级为一场骂战，公司越来越混乱。奈特知道自己需要对公司实行专业化管理，但要管理手下那帮关键人物实在力不从心。有位高级经理在去缅因州出差时，未经奈特允许就买下了一整个工厂。营销总监罗布·斯特拉瑟也步其后尘，他在仓促间将一个产品线投入市场，导致消费者退货数千件，严重损害了耐克的品牌形象。斯特拉瑟和其他几位重要的经理最后都离婚了。为助力公司向好发展，他们在工作中投入了太多时间和精力，他们的妻子甚至收到了公司寄来的 T 恤，上面印着"耐克寡妇"。就连奈特的妻子也提交了离婚协议书，只是后来撤回了。[24]

我们通常认为工作和个人生活是分开的。当工作不顺利时，至少一进家门，孩子们会张开双臂跑过来迎接我们，嘴里还开心地喊着"妈妈回来了"。而当工作超级顺利时，我们可能回到家就得硬着头皮处理那些挥之不去的家庭矛盾。如果一个领域的成功能够延续到另一个领域该多好！

耐克公司成功的代价是"耐克寡妇"的牺牲。同样，当哈姆迪·乌鲁卡亚的乔巴尼公司初获成功时，其个人问题也逐步加剧。20世纪90年代末，乌鲁卡亚的公司刚起步，彼时他与儿科医生艾斯·吉雷已经结婚两年了。2012年，当乔巴尼成为一家价值10亿美元的公司时，吉雷起诉了乌鲁卡亚，要求获得公司53%的股份。吉雷称自己曾经提供资金来资助乌鲁卡亚之前的公司，有一份手写的文件可以证明他们之间的协议。[25] 这场牵扯5.3亿美元的官司打了三年。就在法官要对此案做出裁定之前，乌鲁卡亚同意了庭外和解方案。毫无疑问，如果乔巴尼没有成功，吉雷肯定不会拼力争夺其所有权。而现实是，乌鲁卡亚的巨大成功给他本应安宁的个人生活带来了许多挑战。

在我们最珍视的生活领域中，人人都渴望不断成功，避免一败再败。在下一章中，我们会看到许多企业家的优秀做法，以帮助我们找到从失败走向成功的路径，同时规避从成功走向失败的风险。他们的方法有助于我们使那些最好的路径更有可能、更有成效，将失败概率和受损风险降至最低。

第四章

成有所获，败有所得

众所周知，创业公司的失败率很高，最优秀的企业家总会珍视失败，并将其转化为自己的优势。但很少有人听说过企业家是如何做到这一点的，也很少有人探索我们是否能够学习企业家的最佳实践并将其运用到自己的人生中。在本章的前半部分，我们将探究企业家如何增加使失败变得富有成效的机会。在本章的后半部分，我们将研究一些迹象，在成功可能会导致失败时，这些迹象能给我们提醒。对一些人来说，仅是用这些方式思考失败与成功就是一种转变。这种令人费解的方式是有其道理的，我们很快就能看到应该如何运用企业家的最佳实践来帮助自己预判并避免成功和失败带来的问题。

败有所得

在一定层面上，以创业的方法处理失败，能在失败过后将消极的经验转变为富有成效的知识。企业家不是抓住成功而忽视失败，而是抓住失败带来的机会。有一则非常成功的电视商业广告就曾捕捉到这一方法，在广告中有史以来最伟大的篮球运动员迈克尔·乔丹回顾了他的职业生涯："我一生中投篮失误了9 000多次，输掉了差不多300场比赛，有26次别人相信我能投出决胜球但我没投中。我一生中一次又一次地失败，而这就是我现在成功的原因。"[1] 然而，更好的创业方法是在失败到来前就了解失败的价值，这时我们就能建立安全保障，让自己不受阻碍地继续前行（不论是输是赢），或者在最好的情况下，我们还能从失败中汲取力量。

从失败中获取力量，而非被失败击垮

一旦追求目标失败，我们往往会失去动力。但是，杰出的企业家能够通过重铸失败的含义增强自身的韧性。他们把失败当作通往成功的必经之路，而非个人的重大失误，以便将道德判断对自身的影响降至最低，避免因此丧失斗志。正如连续创业家安迪·斯帕克斯曾对自己创业生涯中的波折起伏做出的总结那样："人生就是一系列目标明确、志在必得的战斗，要知道每一场战斗都是更大战争的一部分，而这是为了凡事都能达成所愿。然而，在战争中，最终的胜利者未必能够赢得每场战斗。"[2]

犹太人处世智慧集大成之作《塔木德》中的那句"这也不是什么坏事"说的就是这个意思，它鼓励人们乐观地看待挫折。关于这个短语有许多经典的故事，其中一则讲道，圣人阿基瓦想在天黑前赶到一座城市，但当夜幕降临时，他发现自己被困在了一片树林中。他跳下驴背，点亮一支蜡烛，划破暗夜前行。然而，这支蜡烛被风吹灭了，留他在无尽的黑暗中。没过多久，那头驴也落入了野兽之口。

尽管阿基瓦孤身一人在黑暗里前行，距离想要夜宿的地方还有很长一段路，但他每走一步都笃定地相信，眼前的灾难一定是最好的结果。第二天早上他醒来后，终于走到了此行的目标城市，却得知昨晚有一群穷凶极恶的劫匪穿过了自己彼时栖身的那片树林，袭击了这座城市。倘若当时劫匪看到了烛光，或者听到了驴叫，那阿基瓦肯定也在劫难逃；倘若阿基瓦昨日天黑前就顺利来到城里，他也很可能会惨遭毒手。[3]

因此，在其原始版本中，"这也不是什么坏事"表达的是一种在面对灾难时乐观的信仰宣言。而在创业过程中，这个说法也算是对所有人的激励，勉励我们以消极事件为契机，对其善加利用——利用这些事件重新思考自己的人生道路，或者反思经验以改善我们下一步的行动。挫折促使我们发问：有没有什么办法可以让这种看似不利的发展产生更好的结果，甚至好过我所希望的那个结果？如果有的话，我又可以采取哪些措施来增加达成那个更好结果的可能性？

几年前，我看到学生的论文中有句话非常发人深省，便把它写下来贴在我办公室的墙上：人很容易循规蹈矩，对所做之事越擅长就越是如此。通常当我们处于非常机械的状态时，就需要这样一个看似消极的事件强迫自己反思，看自己是否陷入了一成不变的状态，是否需要外部推力或者内部动力助我们跃过前进路上的重重障碍。

科林·霍奇在创建了一个网站后就意外地遇到了这样的障碍。这是一个交友网站，人们可以在此结识朋友的朋友，这些人可能与他们志趣相投。霍奇在脸书上建了一个网络应用程序，并开始从用户和媒体那里获得初步关注。IDG（美国国际数据集团）风险投资公司的一位风险投资家找到霍奇，表示可以提供 30 万美元的投资。霍奇说："他们对我们所做的事情感到非常兴奋。"在和 IDG 洽谈期间，霍奇及其合伙人参加了久负盛名的西南偏南大会，作为获胜者脱颖而出，进一步吸引了人们的目光。他们回到家后，对自己的计划和实施计划的时机信心满满。然而，他们收到了 IDG 风险投资家的消息：他的公司压根儿不打算投资。

"他们说，'我们觉得你无法把自己的人气从网页转移到移动设备上'……你以为投资到手了，他们却把钱从你这儿生生拿走了。"[4]

在过去的 10 年里，霍奇养成了一种思维习惯，在遭遇挫折时为自己加油鼓劲。"花点儿时间去消化挫折，然后回去工作，因为你得证明别人是错的。这就是你的动力！如果有人说你的想法行不通，有人说你的企业不会成功，有人说你注定失败，有人说事情太难风险太大你做不来，我都把它们作为自己的动力。"霍奇用投资者的反对来激励团队，加速开发移动版本。仅在被回绝的一个月后，他们就推出了移动应用程序，并很快登上了移动应用程序榜单的前 10 名。事后回想起来，霍奇表示："我有了个人目标和动力后也会经常遭到拒绝，那些人会说，'这是行不通的'。可这话能够激励我们！有时候你需要外部因素来重整信心，敦促自己证明他们是错误的。"[5]

那些难以从失败中缓过劲儿来的人，很难在创业这条路上走得长远。那些能从失败中学习的人，往往能利用路上的颠簸让自己将来的冒险之旅更顺利、更高效。比如，本书第二章中提到过巴里·纳尔斯，他创办了梅瑟吉电信服务公司，但早在创办梅瑟吉的 13 年前，他就已经进行过创业。在 GTE 工作了 10 年后，他确定是时候利用自己积累的工作经验来创办一家咨询公司了。他的咨询公司能帮助小企业把纸质的应付账款、应收账款和工资单转变为电子形式。纳尔斯在一个由小企业家组成的家庭中长大，家人在创办公司时很少做计划，纳尔斯也是如此。他说："我只把创业计划潦草地写在了一页纸上，'这里写着我觉得自己能挣多少钱，这里写着我觉得自己能有多少开销'。我只有一两个月的存款……我们必须得靠一笔一笔的生意来养活自己。我们没有安全网络。"所有项目纳尔斯均来者不拒，可最后他还是落得靠修计时器、更换车行顶部电子标牌的灯泡来维持生活的窘境。纳尔斯一周工作7天，连着工作了一年，银行账户里仍然没有一分钱，最后只得关门大吉，回到了GTE。[6]

　　纳尔斯迈出的下一步至关重要。他没有舔舐伤口，没有放弃成为企业家的梦想，而是用接下来的几年弥补自己在咨询业务上的短板。他意识到，尽管自己有着看似丰富的工作经验，但他其实并不知道如何创业，如何筹集资金，如何利用资金创办企业。他意识到，尽管自己在GTE做新项目时需要思考和做计划，但如果想创办自己的公司，就必须加倍思考、加倍做计划。他在GTE内部寻找新的工作机会，为自己将来创业打下基础。比如说，他花了5年做产品经理，这是最好的企业家训练场。他决定专注于自己正在开发的项目或产品，而不是什么项目都接。在创业前，他也为自己和家人做了更好的财务缓冲。当纳尔斯最终决定重新创业时，他比最初更有能力创办一家成功的企业。[7]

　　当大多数人遭遇失败时，其本能反应都是畏缩不前，事实上，纳尔斯最初也不例外。（你可以想象一下，在咨询公司倒闭后纳尔斯回到 GTE 的第一天，别人会对他说"早就告诉过你"，而这样的话会像匕首一样刺伤他。）然而，纳尔斯是工程师，他把自己的首次创业看作一个实验，从中收集数据，就像迈克尔·乔丹回顾失败对成功的意义一样，又如托马斯·爱迪生为了发明灯泡而经历的几千次失败："我没有失败。我只是发现了 10 000 条行不通的路。"[8] 纳尔斯从经验中学习，在下一个阶段采取不同的行动，从而把令人沮丧的失败变成了富有成效的失败。我们如何辨别自己的失败有无成效呢？如果我们尝试类似的项目，能像纳尔斯那样学习经验并做出必要改变，那这样的失败就是有成效的。

汤米·约翰可以说是一位有着企业家思维的世界级棒球运动员，他是利用失败获取力量的典范。约翰是天生的运动员，在其故乡印第安纳州，他作为一名出色的篮球运动员，一直保持着他所在城市的单场得分纪录。他也发现了自己在棒球领域的天赋，并和克利夫兰印第安人队签约。1963 年，20 岁的他以美国职业棒球大联盟投手的身份初次亮相。

在进入联盟的前 10 年里，约翰是一位中继投手，比赛胜率只有 52%。1974 赛季初，他以 13 胜 3 负的优异战绩开始在道奇队当投手，并首次获得了月度最佳球员奖。他登上了人生的巅峰。紧接着，在 1974 年 7 月 17 日的一场比赛中，约翰受了重伤，手臂尺侧副韧带断裂。他说："我们在一垒和二垒上都有跑垒员，我想让击球手打地滚球，这样的话他们这局就得不了分了。就在我投球的那一刻，我感到了刺骨的疼痛，我心想'完了，我这是怎么了'？"他又投了一次，也没成功。"我走到休息区拿了外套。我对教练员说，'比利，把乔布医生喊来吧，出事了'。"[9]

弗兰克·乔布是道奇队的骨科医师，也是约翰的好友。乔布给约翰带来了噩耗：约翰的棒球生涯结束了。他的手臂韧带断裂，他再也无法投球了。乔布医生建议道："汤米，如果我是你的话，我会考虑换一份工作。"[10] 为了帮助约翰恢复部分手臂功能，乔布提出了一项从未有人尝试过的手术——乔布可以从约翰的右前臂中取出一条肌腱，将其移植到左肘上。乔布表示这个手术的成功率只有1%，并在介绍这项手术时描述了其中的风险。

"高中毕业的时候我就有幸作为班级优秀学生代表发言，"约翰说，"1%或2%的概率比0好太多了。"1974年9月25日，乔布医生实施了手术。约翰评估过风险，也承担了风险，但情况变得更糟了。手术过后，他的手变成了"爪子"，行动能力大大受限。约翰需要进行第二场手术以修复受损的神经，并延长了恢复期。

转瞬之间，约翰从战无不胜变成了一无是处。这种剧变能摧毁大多数人的乐观态度，甚至能考验最自信的企业家。他们失去了精神能量，无法变回从前的自己，无法面对重大挫折之后出现的艰难选择。

约翰的情况越发糟糕。没过多久，他的手就开始失去知觉，好像睡着了一般，变得冰凉。约翰急忙用热水冲手，以加快血液循环。在下周复查时，乔布医生注意到约翰的手上有块烫伤。原来，约翰的手失去了大部分的知觉，甚至他都感觉不到水是滚烫的！肌电图扫描显示，约翰的神经严重受损，需要进行第三次手术。于是，乔布医生在 12 月再次实施了手术。约翰的妻子萨莉在看到丈夫萎缩的手时大吃一惊，开始变得恐慌和抑郁。[11]

这位天生的运动员发现，简单的任务已然成为难以攀登的高山。他拿不住吃饭的叉子，不得不学习用残疾的手吃饭、梳头、签名。

约翰的职业生涯在即将达到巅峰的那一刻戛然而止。此时就算他放弃了，一边沉溺于电视节目，一边吃零食，一边哀悼职业生涯的结束，我们也都能理解。但他没有这么做，他暗下决心："手术结束了，现在该看我的了。从现在开始，我必须进行自我治疗。"[12] 他从两大动力源中汲取力量，分别是约翰第一次手术当月出生的大女儿塔玛拉和《圣经》故事。比如，约翰讲述道："我听过一则故事，在《创世记》第 18 章，年龄过百的亚伯拉罕对 80 多岁的妻子撒拉说，上帝曾许诺过给他们一个孩子。你可以想想，那种情况几乎是不可能的。这个玩笑真是太残酷了，他们一把年纪了还能生孩子？但是上帝许诺过，亚伯拉罕对撒拉说，'上帝岂有难成之事'？"[13]

约翰制订了严格的康复计划，要求自己从周一到周六不论疼痛与否都要锻炼。据他的传记作者回忆："汤米从未对自己如此严厉过。与以前相比，他跑得更远，做的屈膝运动更多，训练时间更长且强度更大，举起的重量更重。"[14] 但好几个月下来，约翰丝毫没有改善的迹象。有一天，约翰在和老队友交流的时候，无意中听到有人说："这家伙应该实际点儿……他已经完了，为什么不勇敢地面对现实呢？"[15]

经过几个月的艰苦训练，约翰能投棒球了，但投不好，而且准度和力度都不足以让他回归职业棒球大联盟。于是，约翰和队友一起练习，他找到了大联盟投手迈克·马歇尔，马歇尔有运动学博士学位，能够帮助投手从伤病中恢复。马歇尔教给约翰一种完全不同的投球方法，他不必转腿，而是直接投向本垒，这大大减少了投球动作对膝盖和手臂的伤害。约翰也雇用了道奇队的按摩师，长时间接受肩膀、手臂和手部的按摩。

约翰的手部知觉在慢慢恢复，他的投球技术也提高了许多，于是他请求道奇队分配自己去教学联盟。教学联盟是年轻种子选手比赛的地方，他们都处于职棒小联盟生涯的早期。在那里，约翰继续改善他的新式投球法，增强自己的力量，并最终在 1976 赛季回到道奇队。他对父亲说："前半个赛季是一个学习的过程，我必须学习或重新学习很多关于击球手、投球原理等方面的小知识。"[16] 他在那年创下了 10 胜 10 负的战绩，被人们视为奇迹。在手术后回归的第二年，约翰共赢得了 20 场比赛，无论是对所有先发投手来说，还是对那些水平高于约翰的投手来说，这都是了不起的成就。那年，在赛扬奖的最佳联盟投手投票中，约翰排名第二。他再接再厉，在手术后的 4 年中，有 3 年赢得了超过20 场比赛，并且连续 3 年成为全明星球员。

约翰的投手生涯直到 1989 年才结束，他总共赢得了 288 场比赛，其中有一半以上是在手术后赢得的。尽管他的职业生涯看起来在他受伤时就已经结束了，但在 1989 年，约翰以 26 个赛季的成绩追平了球员在职棒大联盟生涯中参与赛季数量最多的纪录。同年，在其两次投球都被他牙医的儿子马克·麦奎尔击中后，约翰决定退役。他这样描述自己的决定："当你牙医的儿子都能击中你的球时，你就该退役了。"[17]

如今，经历过所谓的"汤米·约翰手术"的投球手即使没有数千位，至少也有数百位了。约翰已经成为一种象征，象征那些遭遇某种失败却以更加强大、更具韧性的姿态强势回归的人。

汤米·约翰充分利用自己的两大动力源——信仰和家人，从个人挫折中获取力量。我们也应该像他那样，至少找到一个动力源来支持自己。我们遇到的挫折可能就是动力源之一，科林·霍奇被 IDG 风投公司拒绝后愈挫愈勇便是一例。当我们的升职请求被回绝，当我们没有被理想的公司录用，当我们在本应拿第一的比赛中只拿了第二，我们不应该试图消除自己的失落感，而应该对其加以利用。实际上，对特定的任务和目标而言，利用挫折可能比暂时取得成功更为有效。希伯来大学的心理学家玛雅·塔米尔及其同事发现，如果想在某个目标上取得进展，消极情绪比积极情绪更有用。比如，在对立的情境中，与感觉良好的人相比，那些对某事耿耿于怀且义愤填膺的人表现得更好。[18]企业没有提拔或聘用我们，出版商回绝了我们的手稿，裁判没有给我们金牌，这些都能让我们冲击新高度，如果没有他们的刺激，我们很难做到这一点。

将挫折变为福祉是一种技能，也是一种思维模式，在真正需要利用挫折之前最好尽最大努力去锻炼这种能力。与其等真正的失败到来后再去恢复，不如把路上的挫折当作学习与练习汤米·约翰和巴里·纳尔斯的方法的机会。你需要练习重塑观念，将失败视为迈向未来成功的学习步骤。有一个发人深省的比喻也许我们可以采用：我们是将自己的人生道路视为障碍赛跑，还是视为寻宝之旅？每一个挑战都是难以逾越的障碍，还是获得新经验的机会？当遭遇失败时，我们是陷入了困境，还是学到了经验并获得了提升空间？如果我们一路上利用小的坎坷来增强恢复能力，等真正需要的时候，这种能力就会更加强大，我们用得也更加习惯。

从失败中学习有助于降低失败的概率，总结失败的原因也能降低失败的概率。宾夕法尼亚大学的马丁·塞利格曼发现，判断销售员成功与否的最佳标准，就是看他们如何向自己和他人解释失败。推销员经常遭到拒绝，而且他们的核心销售技能对企业家至关重要，他们必须从各种受众和组织那里获得认可。最优秀的推销员的解释方法能让自己继续前行，而不会为自己招致羞辱。[19] 在被潜在客户回绝的时候，优秀的推销员不会感到无助，不会认为"我不擅长这份工作，我卖不出产品"，而会研究失败的原因，以获得独到的新见解。他们会问，为什么潜在客户没有接受我的推销，他们也许会发现"我的客户目前没有这种需要"，他们不会怪罪自己，不会削减自己的动力，不会抑制从这种情况中吸取教训的能力。请注意，这与逃避责任不同，一流的推销员会对所遇的挫折负责到底，但他们会对其进行务实的解释，避免将其看作个人问题、普遍问题或长久问题。[20] 他们不会让挫折定义自己。关键的是要有一种成长的心态，把自己看作不断发展的，而不是固化的。[21] 这样一来，失败便不会成为对你本质或潜力的判断，而会成为你持续发展过程中的一个阶段。

一旦你在遭遇挫折的同时也掌握了知识，那你就比从前更有价值，比那些未从失败中学习的人更有价值。你也许为那些人生挫折和经验付出了高昂的学费，但与那些没交学费的人相比，你受到了更好的教育。

纵使身处逆境，依旧心怀感激

有些事件是毁灭性的，我们很难轻描淡写地说出那句"这也不是什么坏事"。即使是这样，我们也必须找到恢复的途径并回归正轨。

举个例子，2004 年谢丽尔·桑德伯格与私人在线数据公司调查猴子的 CEO 戴夫·戈德堡结婚，他们生活十分幸福，并育有一子一女；2008 年，她被发展迅猛的脸书公司聘为首席运营官，事业发展如日中天。而且，自 2007 年起，她还连年入选《财富》杂志"最具影响力的商界女性 50 强"名单，堪称名副其实的业界女强人。

2015 年 5 月 1 日，当他们一家在墨西哥度假时，戴夫意外离世，据说是在跑步机上做运动时突发心脏病去世的。[22]

在 2016 年加州大学伯克利分校毕业典礼的致辞中，谢丽尔深情回顾了自己的几位人生导师。这几位导师帮助她找到了值得感激的事，即便在丈夫去世后的黑暗日子里也是如此。"我的朋友亚当·格兰特是位心理学家，有一天他建议我想想事情会变得有多糟糕。这完全是有违常理的，保持积极乐观才是正确的恢复方法，不是吗？'更糟？'我生气地回道，'你疯了吗？还能糟到哪儿去？'他的回答令我如梦初醒，'你可曾想过，如果戴夫正开着车突然心律失常，而你们的孩子恰好都在车上，又会怎样'。天哪！他说这话时，我登时觉得无比感激，因为孩子们还安在，这让我将部分悲痛化作感激，释然许多。"[23]

谢丽尔一直坚持着自己认同的日常习惯，让自己常怀感恩之心："找到感恩之事和感激之情是恢复的关键。那些肯花时间列出感激之事的人往往更幸福、更健康。原来细数幸福真的能增加你的福祉。我今年的新年目标是在每晚睡前写下三个快乐时刻。这个简单的练习已经改变了我的人生，因为不论每天发生什么，我总是伴着愉快之事入眠。"[24]

对许多人来说，感恩节在一年之中仅此一天，而对那些有恢复能力的人而言，感恩之情常驻心田，于是再糟糕的状况也能从容应对。你可以每晚花上两分钟写下今天令自己感恩的三件事，或是在每周五晚家庭聚餐时，听家人一一诉说令他们心怀感恩的可贵经历，又或是像商界女强人那样，在一轮融资失败后的公司会议上，问问自己的团队，未能筹得资金会带来什么好处。这些做法会在无形中培养你和你周围人的感恩之心，如此一来，感恩便成为一种习惯，能让你在损失或失败面前更加坚强。[25]

避免过度坚持，避免挖更深的坑

在前文中我们讨论了如何从挫折中有效恢复元气，在转变话题前，关于培养抗挫折态度的问题，我有一点重要提示：失败时切莫过度坚持。咨询专栏作家安·兰德斯表示："有人认为坚持不懈是强大力量的象征。然而有些时候，知道何时该放手且敢于放手需要更大的力量。"[26] 企业家受到无数文章、书籍和逸事的影响，认为唯有坚持方显美德，殊不知过度坚持可能会给他们造成巨大损失。

1999 年创立野兽在线音乐公司的蒂姆·韦斯特格伦在寻求投资时曾碰壁 300 次，也曾遭到本公司员工的起诉，后来又与合伙人"分道扬镳"。一位知名博主曾盛赞他为"坚持创业的典范"。[27] 但韦斯特格伦接下来遭受了沉重打击——国会计划大幅提高野兽公司需要向各大音乐公司支付的版税。当时公司创办整整 10 年，这 10 年本应是韦斯特格伦人生的黄金时期，但他的坚持最终留下的只有一个残破不堪的公司。专栏作家安·兰德斯的那条朴实的建议本可以给韦斯特格伦带来帮助。

有意思的是，野兽公司（现称潘多拉电台）在成立十几年后竟然上市了。然而，尽管韦斯特格伦辛苦经营公司十几年，最终却只拿到公司 2.4% 的股份，而风投资本家持有超过 75% 的股份。该公司就连首次公开募股也是喜忧参半的，因为像声田和苹果这样的主要竞争对手当时都在提供非常相似的流媒体服务。

当我在课堂上讲到韦斯特格伦的案例时，即便学生后来了解到这家公司最终获得了成功，其意见还是分成了两派——有人认为他的坚持是明智的，有人认为是愚蠢的。这 10 多年的磨砺对韦斯特格伦的人际关系和健康造成了双重打击。在讲这个案例时，我一开始就提到韦斯特格伦凌晨 4 点就醒了，因为压力导致的胸痛使他难以安眠。我的学生问道："如果韦斯特格伦的公司最终失败了，我们是否可以把这位先生的'坚持'称作执迷不悟呢？"

我们如果像韦斯特格伦那样常年遭受打击，还能冷静而明确地分析自己的坚持是否会导致毁灭吗？在努力挽回巨大损失的过程中，我们是否会走向令事态加剧的极端呢？[28]我们不应将自己置于那样的危险之中，有句谚语说得好，"若必下注，需先明三事：规则、赌注和罢手时间"。在此之后，若时机合适，便可摊牌。[29]

提前设定撤销键

到目前为止，本书所谈的最佳实践都与恢复有关。但企业家之所以能够有效应对失败，关键的一点是因为他们能提前辨识出难以撤销的决定，并制订前瞻性计划，好让自己在失误后能够更容易地改变策略。

比如，一个公司的合伙人在创业之初决定如何划分公司所有权时，就会碰到这样难以撤销的决定。美国吉普卡租车公司的创始人为我们提供了前车之鉴。在公司成立的初期，两位创始人就划分所有权问题进行了探讨，并很快达成口头协议，他们选择简单地对半分。在我的研究中，大多数创业团队都是这么做的，这种早期所有权划分是固定不变的，这就意味着这个比例将贯穿公司发展的始终。罗宾·蔡斯是吉普卡的创始人之一，她全力投入公司建设，全面推动业务的每一环节；而另一位合伙人与蔡斯不同，她仍保留着原来的工作，只把这边的创业当副业。

蔡斯在我的课上说起过他们之间的股权划分，她称其为"十分愚蠢的口头协议"，因为早期的划分在法律、经济和人际关系上都是难以撤销的。实际上，与另一位合伙人相比，蔡斯做了更多艰苦的工作，但那个合伙人能拿到同等的收益，这"导致蔡斯好几年都焦虑不堪"。脸书创始人马克·扎克伯格也一样，他在创业之初未慎重考虑便与其合伙人划分了股份，这令他遭受了人际关系和法律上的双重重创，即便有最强大的法律支持，这一先期划分也是很难撤销的。（要不是因为他们对股权的约定难以撤销，《社交网络》这部电影大概永远都拍不成了。）类似的错误同样会出现在结构不合理的婚前协议中（或者在需要婚前协议时偏不采用），也会出现在不同公司间的联合经营中，当一方想要从合作中抽身时，这样的错误便会更加难以撤销。

对于股权的划分，奥卡姆技术公司的创始团队选择了一个更好、更具前瞻性的方法。肯·布罗斯是一位经验丰富的销售佣金咨询师，他看到了创建计算机系统以实现佣金处理自动化的机遇，奥卡姆技术公司的灵感就来源于此。但另外两位合伙人对于布罗斯能否辞职加入奥卡姆心存疑虑。布罗斯刚刚做了父亲，有着稳定的全职工作。如果他拿着自己的股份离开了，公司很难以剩下的所有权份额去吸引高水平的接替者。[30]

这场对话十分艰难。布罗斯是两位合伙人的朋友，也是带着他们加入奥卡姆的人，没有他也就没有奥卡姆公司。两位合伙人提出了自己的疑虑，经过一番讨论，他们得到了三个完全不同的方案：方案一，布罗斯将全职加入奥卡姆公司（最好的方案）；方案二，布罗斯保留原有的工作，利用晚上和周末到公司做兼职（预期的方案）；方案三，布罗斯因为为人父的本分和工作需要，压根儿不能到奥卡姆工作（最坏的方案）。对于每一个方案，他们都达成了相应的所有权划分比例，这为可能发生的危机事件提供了更有效的手段。最后，布罗斯真的选择了保留原来的工作，而奥卡姆公司也为这次挫折做了充分准备。[31]

让吉普卡租车公司创始人罗宾·蔡斯多年备受煎熬的问题，与困扰奥卡姆公司这几位创始人的问题惊人地相似，都是难以撤销的错误，但奥卡姆的几位合伙人颇有预见性，觉得需要起草一份完全不同的协议，于是他们果断按下撤销键。他们收回了布罗斯的股权，将其重新分配给全心全意且全职全时为公司做奉献的成员，尽管布罗斯的离开给公司造成了挫折，但正是因为这个挫折公司打造出一支更为强大的团队。

奥卡姆团队在其核心部分建立起一个流程，它与纳西姆·尼古拉斯·塔勒布在其著作《反脆弱》中描述的一样，这种流程能够借助失败不断改进，而非被失败打垮。[32]最坏的状况是系统脆弱得不堪一击，一旦受到冲击便分崩离析。而具有恢复力的系统要好很多，能够承受冲击，并且始终坚韧如昔。最好的状况便是拥有反脆弱系统，越是承受打击，越能完善升级。人体便是反脆弱的范例：当人体接触小剂量的病菌时，免疫系统会更具活力；若处于压力或运动状态下，肌肉张力就会增强，而非减弱。当然，除非肌肉压力过大，就像汤米·约翰那样。

总体来说，反脆弱的关键就是错误要足够小且能够孤立，这样才能保证整体系统幸存下来，并有机会发展壮大。在已有的系统中，塔勒布特别提到航空安全系统。一次小且孤立的坠机事故能够为航空系统提供关键的信息，这样系统就可以进行适应和改进，以降低未来出现严重坠机事故的风险。此外，"一个好的系统，比如航空系统，在设计时就存在某些小且孤立的错误，或者说这些小错误实际上是成负相关的，因为已有的小错误能降低未来出现大错误的可能性"。[33] 与此形成对照的是现代银行系统，在该系统中一个故障的出现会增加其他故障发生的概率。

这些例子可能与你本人要做的决定相去甚远，但它们运用起来不难。比如说，你要去一个新的城市工作，在买房之前先在那里租房，或者考虑先两地通勤一段时间。即使租房似乎是在浪费钱，长途通勤又很痛苦，但至少你发现当工作不尽如人意时，还能改变自己的决定，而且这个过程中你多多少少也会有所收获。与此同时，不要低估设立撤销键可能遇到的障碍。举例来说，我们都倾向于为最好的状况做计划，却忘了自己也需要为最坏的状况做打算。比如，尽管美国的离婚率高达50%，但只有3%的美国人会签署婚前协议。至于为什么不采取这种防患于未然的做法来预测和避免问题，人们还有另一套说辞，有人认为设置备选方案会削弱他们达成初衷的动力。有实验证据表明，这种担忧是合理的[34]，但对于那些可能会产生有害结果的失败，保险些的做法比轻微削弱动力更值得。

如果能把重大决定分解成若干小决定，那么克服这些心理障碍可能就会简单一些。对奥卡姆的几位创始人来说，他们普遍觉得"我们面临着许多风险"，这种感觉促使他们分析并优先处理某些特定的风险。他们总结道，最佳方法就是迅速处理最大的风险。同样，在开始做新尝试的时候，你需要提前把失败转化为行之有效的经验。从一开始你就要设置适中的期望，这样才能比较容易地考虑潜在的困难。你需要强迫自己用现实的角度看问题，认识到外界宣传都是基于最好的状况，逐步推进，化大决定为小决定，当行动出错时养成积极反思、学习和调整的习惯。

通过此举，你便能提前消除部分你可能面临的失败，并培养必要的反脆弱的能力，让自己在真正遇到失败时能够更好地利用失败。但如果你成功了呢？

预想成功带来的挑战

假如你成功实现了自己最美好的梦想。你在小公寓里挤了好几年后，决定为自己不断扩大的家庭买套房子，而且也非常中意一套对你而言堪称完美的住宅。为确保能让房子到手，你的出价和要价持平，甚至更高（反正这都在你的最高抵押贷款范围内），最后你高兴地成为买主。或者在候选名单上的你被理想的大学或研究生院录取，这些学校都以学术严谨著称。或者你拿到工作机会，可以去知名企业工作，职位连升两级，薪水也连升两级。"太好了！"你兴奋地回答道。你迫不及待地想要跃入自己的新生活，毕竟这是你一直梦寐以求的，对吗？

别着急，此时你得勒马收缰。你可以优先采取一些其他措施，包括一些可能会迫使你考虑放弃升职机会或者录取机会的做法。

每个人都想成功，然而有时这些目标的实现会给我们带来负面影响——我们意料之外的负面影响。许多企业家都未能为成功做好准备，这是十分出人意料的，因为他们对自己的创业能力都抱有极大的信心。你如果坚信自己能够实现理想的目标，难道不应该想一想实现目标后的需求吗？理论上来说，你是应该想一想，但开辟新道路是一项非常艰巨的任务，让我们无暇顾及其他事务。尽管如此，成功和艰苦求生是明显不同的。杰出的企业家已经明白应该如何预测成功带来的挑战，以及应该采取哪些措施以避免因成功导致的毁灭。

了解前方道路的坑洼

回顾本书第三章，哈姆迪·乌鲁卡亚因为自己早期在乔巴尼公司的成功而遭遇了种种挑战：生产和质量问题、大规模产品召回、飙升的债务和损失等。值得赞扬的是，乌鲁卡亚在遇到这些重大问题后改变了策略，他请来了大型私募投资公司德太集团，并利用德太集团雄厚的财力和产业关系来帮助公司调整到最佳规模。在产品召回后的三个月里，乔巴尼公司招聘了三位资深从业者。[35] 乌鲁卡亚发现，如果自己提前观察周围情况的话，他的道路本可以更加平稳。

还记得巴里·纳尔斯是怎么做的吗？他从首次创业失败的经历中学习，后来坐在"副驾驶"的座位上"试驾"他的创业想法。在创建梅瑟吉之前的 20 年里，纳尔斯就一直在积累工作经验，为个人创业做准备：为大公司工作，以增强自身的产品管理能力；创办自己的咨询公司，以获得一手经验；在创立梅瑟吉前还曾为两家初创企业工作过。他亲眼见证了成长和成功带来的种种挑战。

因此，他的梅瑟吉电信公司建立起一系列前瞻性措施，以满足全能型员工向专业型员工转变的需求。纳尔斯告诉我，他聘用了一名直接向他汇报工作的经理，并给那位经理打了预防针。"未来我会适时给你安排一位老板，你有能力竞争这个岗位，但也可能会让公司以外的人接手这份工作。"纳尔斯承认，"说这些其实意义不大——我们想要积极进取的员工，而上进的人都相信自己能胜任更高的职位，但他们的能力通常是达不到的"。尽管如此，纳尔斯的反复提醒还是有效缓解了改变带来的影响。这样的说法很可能无法吸引人才加入自己的公司，但纳尔斯明白，自己在未来几年里很可能需要雇用经验丰富的领导者来管理老员工，他希望梅瑟吉能避开彼得原理的负面影响。

同样，最优秀的企业家对未来的业务需求了然于胸，在出现这一需求之前便做好填补漏洞的准备。在一个高速发展或资本密集的产业中，想要提前处理公司未来的需求，很可能需要寻求外部资本来支持高昂的外聘和扩展计划。毕竟，发展是令人振奋的，直到你注意到它正在消耗你大量的资金或超出你的能力，哈姆迪·乌鲁卡亚的故事就印证了这一点。

在其他情境下，成功同样需要提前谋划。在花大价钱购买理想的住宅前，你需要对自己的财务状况做个压力测试，分析一下在最糟糕的状况下，自己是否仍然有能力偿还贷款。正在为团队招人的诸位经理也可以利用这些原则为成功做准备。除了分阶段设置合理的变革预期，他们还可以将候选人放到团队现阶段和下一阶段的发展需求图上。现在公司需要具备什么能力的人才？这个人是否符合要求？在未来半年或一年里，这种能力会发生怎样的变化？这个人是否依旧符合要求？在考虑候选人的时候，他们可以设想积极和消极的情境，以评估每次雇用可能带来的风险。

为应和本书第二章的建议，如果可以的话你应该和各位候选人签订短期合同，来个"先试后买"。乌鲁卡亚承认，公司发展势头迅猛，有些老员工明显跟不上步伐，但他拖了很久也没能狠心辞退这些员工。我们不能步其后尘，不能让个人忠诚损害公司未来的利益。诚如乌鲁卡亚所见，即便你能让公司的老员工走人，你与他们的种种联系也会让你反复纠结自己是否想这么做。

掌控"能"与"想"

改变会增加意外出现的可能性，这一点体现在两个层面上。在第一个层面上，等你发现自己在新职位上表现得大不如前时，就为时已晚了。在新一轮晋升中，你刚刚从自己的旧职位（你在这个职位上表现出色）换到一个新职位，很可能要承担更大的责任，也许顶头上司换了人，也有可能要管理新员工。适应新职位的第一年也许步步艰难。更高的职位可能要求你具备更高的领导才能。你如果是跨界转行，还需要在新的关系网中树立个人信誉，然后才能像从前一样游刃有余。

在第二个层面上，即便相信自己已经具备这些决胜新职位的能力和关系，你也需要反思自己是否真的想这么做。若想在陌生但受欢迎的领域中航行并取得成功，关键是不可忘记当初是什么吸引你去领导团队。比如，你的天赋和热情是否在于创造，而不在于改进已有的东西？如果是这样的话，你需要集中精力在早期阶段做贡献，并在进入下一个阶段前退出，好让那些善于改进的人发挥作用。你之所以想做经理，是因为想要为企业做贡献，还是因为想要从中获利？一项调查显示，在参与调查的 1 130 位一线经理中，因为薪水更高而当经理的人占 50%。[36] 和 33% 的想为公司做贡献的员工相比，那些以薪水为主要动力的员工有57% 的可能性对工作感到失望，因为他们意识到多出来的薪水并不足以补偿他们增加的工作时间和压力。

为了评估这两个层面，聚挑战企业孵化器的 CEO 约翰·哈索恩在建立管理团队时，让潜在的雇员做志愿者，以观察他们的表现（"能"）和他们受到梦想（"想"）的激励。他向我解释说，他从最好的志愿者里挑选带薪实习生，然后从最优秀的实习生里挑选全职雇员。在每个阶段，他都仔细观察种种迹象，看自己的雇员能否不断取得成功，能否在成功晋升后制造问题，看雇员的"所想"是在不断丰富还是在不断减少。从某种程度上讲，多亏这样训练有素的做法，聚挑战公司才能逐渐发展为大型企业孵化器，每年仅在波士顿一地就能帮助超过 125 家企业创业。

你如果意识到自己既缺少"能"也缺少"想"，那就需要抓住改变的缰绳，这样你才能决定做些什么改变，改变之后你又该做些什么。比如，有些创始人兼 CEO 主动提出让新的 CEO 接替自己，与那些让董事会或投资人发起变革的创始人相比，他们退位以后的着陆点要好很多，继续留在公司不同岗位上工作的可能

性也要高出 20%，他们不会心怀不满地匆匆离开公司。若是董
事会发起变革，那些让位后不离职的创业者接受更低岗位的可能
性是那些主动发起变革后又留下来的创业者的 7 倍。而那些主动
发起变革的创始人留在董事会的可能性更高。[37] 他们对能力和愿
望有着更深的自我认识，能够走在前面，塑造未来，而不是被迫
应对他人的决定。

　　努力塑造你的未来，但也要注意到这可能会阻碍你的偏见。
心理学家蒂姆·威尔逊和丹·吉尔伯特表示，在制定目标的过程
中，如果我们错误地想要某样东西，问题就会产生。当获得想要
的东西时我们会产生一种愉悦感，对于这种愉悦感持续的时间，
我们通常会有错误的期待。[38] 比如，一项研究表明，助理教授认
为他们能否取得终身职位会对他们的长期幸福产生重要影响。威
尔逊和吉尔伯特对已获得终身职位的前助理教授和未获得终身职
位的前助理教授的实际幸福感进行了评估。他们发现，那些没有
获得终身职位的教授和已获得终身职位的教授同样幸福。[39]（"这
也不是什么坏事"同样适用于学术生涯！）相反，我们经常会误
判消极发展的负面影响。

　　威尔逊和吉尔伯特劝告人们不要高估积极情绪和消极情绪的
深度，或者高估两种情绪的持续时间。他们建议应避免"聚集
主义"，即在处理焦点事件的同时，不可避免地会发生许多其他
事件，你应当注意到这些焦点以外的事件，并考虑它们将如何

缓和焦点事件的极端情况。[40] 意想不到的庆祝活动能缓和极度悲痛，而日常生活中的坎坷能瓦解成功的喜悦。只有校准自己的需求，才能为设定新目标做好准备。

这并不是说我们在做任何努力之前都必须对自己的未来有全面了解，而是说即便我们没有提前为新的发展做好十全的准备，也必须准备好做有效的应对。在做准备的时候，我们无法面面俱到，但有些事情我们是可以预料的，对于可以预料的事，我们不应受其突然袭击。在着手新事物时，你需要了解在下一阶段可能遇到的挑战。在此之后，每走一步，你就要对下一阶段有更深的了解，弄清自己该如何获得帮助，以应对成功进入一下阶段所带来的挑战。

大力增强你的支持

当分析显示你缺少相应技能来继续领导你的项目、委员会或公司的时候，你的第一反应不应是离场，否则你将会痛失自己在此次尝试中投入的无形努力，你很可能会后悔自己当初没有留下来，后悔自己放弃了本可以拥有的影响力。同样，当有机会进入学术要求很高的理想学校时，你不要让焦虑致使你回绝了录取通知。相反，你应该集中注意力发现自己尚未做好应对准备的挑战，然后想办法增强自己对那些领域的支持。

第一，你需要弄清楚自己是否有时间、意愿和能力去自学那些新能力。如果你这样做了，接下来你应询问专家，找到学习新能力的最好资源和方法。在进入理想学校前，你可以利用开学前的那个夏天巩固自己的学术基础，确保自己提前探索过在将来可能派上用场的辅导或学术支持服务。第二，对于那些你无法学习的能力，你可以寻找那些已经拥有此类能力的人，看他们是否有兴趣入伙，他们既可以是外部合作伙伴或顾问，也可以是内部员工或董事会成员。在你了解到自己的知识漏洞后，你可以在此基础上和潜在的新投资者、公司、上级或父母进行协商，以获得资金或者人才来增加那些技能和资源。通过增强支持，你增加了在掌舵的同时应对成功挑战的机会。

在乔巴尼公司，乌鲁卡亚意识到了增强支持的需求，在公司的许多层面上他也这么做了。乌鲁卡亚在供货链和创业融资两大领域缺少经验，于是他吸引了投资公司德太集团，其雄厚的财力和产业关系能够弥补这两大漏洞。在管理团队内，他也招聘了在这两方面有着几十年工作经验的高级经理。

对那些地位比你低并面临成功挑战的人来说，这样的方法同样适用。就像聚挑战的约翰·哈索恩和梅瑟吉的巴里·纳尔斯一样，你也可以让自己的组织更好地为承担高增长的需求做好准备。如果你是一位努力发展员工、评估员工的管理人员，你需要指出可能阻碍员工晋升的最大问题，给员工机会证明自己是可以解决这些问题的，同时你也需要支持员工的发展。

例如，莎伦·麦科勒姆在百思买做CFO期间，有一名下属名叫科里·巴里。巴里在 2012 年入职，已经坐上了国内财务高级副总裁的位置。2013 年 8 月，在和巴里的一场会议中，麦科勒姆列出了一些可能阻碍巴里接任CFO的具体问题：巴里与投资人缺少交流，在其他一些关键领域也缺少参与，此外，巴里也缺少"在关键对话中持相反观点"的能力。巴里在这些目标领域努力改进，同时也保持着自己在其他领域的能力，2016 年 6 月，当麦科勒姆离开CFO岗位的时候，巴里便被提拔为了接班人。[41]

考虑回绝录取通知

你已经得到了你理想学校的录取资格，或者已经得到了工作职位晋升的资格。你已经了解前方道路上的坎坷，并尽自己所能在需要帮助的领域增强了支持。但前方的许多问题仍隐约可见。现在，在接受录取或者晋升前，你需要三思而后行。晋升很诱人，但也会危及你的成功。例如，人力资源咨询公司发展维度国际的研究表明，对于那些不情愿被提拔到管理岗位的人（通常来说，他们因为薪水更高而接受工作，但对做领导者没有兴趣），他们最终辞职的概率是常人的两倍。[42] 1/3 的公司经理都后悔被提拔，因为他们觉得自己并没有准备好上任新岗位，或是不清楚如何在新岗位上取得成功。[43] 新工作可能无法像从前那样给你带来满足感，也许要求更长的工作时间，也许会带来过多的压力。

学术界有很多"升职危及成功"的案例，对个人和组织而言都是如此。通常，拥有众多科研成果的学者会被提拔为部门主任，结果由于缺乏领导能力和领导热情，他们做学术研究受到影响的同时，也经常干不好部门领导的工作。

相反，你应采取更慎重、更有自知之明的方法来评估潜在的晋升机会，学会拒绝那些可能导致问题的升职机会，学会拒绝那些不适用于以上方法的升职机会。

20 世纪 90 年代，当我领导我创办的系统集成项目的时候，对该项目最具价值的贡献者是一位比我大 15 岁的女性。她本可以做管理层的工作，然而她很早就决定要坚持做一名个体贡献者，这更符合她的喜好，能让她更好地发挥才能。与管理团队、承受出差压力相比，作为优秀个体为团队做贡献更让她开心。她最近生下了一对双胞胎，倘若坐上了管理岗位，她的工作负担就会超出她在孩子还小的时候所希望的理想范围。所以，每当得到管理岗位的升职机会时，她都回绝了。我钦佩她的自知之明，钦佩她对优先事项的清晰认知，钦佩她回绝升职机会的能力，因为这本可以成为她走进管理领域的入场券。

换个角度看待成功与失败

如我们所见，我们的决策经常由情绪驱使，而情绪有时无法带我们驶向自己真正想要去或需要去的地方。所以，你如果感觉到自己正受到情绪驱使，请务必小心！你应寻找线索，弄清自己是否正被情绪左右。这个选择看起来是不是太简单了？是不是太安逸了？你是否正过于被动地向自己的恐惧和欲望屈服？

企业家思维的价值在于它能够颠覆我们的自然倾向。我们倾向于避免失败、渴望成功，而最聪明的企业家能利用失败，并分配时间思考如何应对成功带来的挑战。这要求他们更加深入地了解自身的能力和倾向，以及自身的可控和可变部分。这要求你足够谦卑，从而察觉到自己的弱点，并需要诊断出什么时候需要调整目标或寻求帮助。这也要求你有社会意识，你需要认识到人际关系的动态变化，以及周围人的兴趣与动机。

为了成功做到这一点，我们需要采取以上措施，但是要以一种有针对性的方式。比如，为每一个决策制定撤销键会让我们付出很大代价，所以你要清楚，如果无法撤销消极结果的话，哪个决定是最具毁灭性的？哪个决定最容易产生消极结果？对于那些可能导致严重后果或是更容易出现消极结果的决定，你应该花些时间研究一下该如何埋下撤销的种子。同样，若为成功可能带来的每一个消极面做准备，会耗费你大量的时间，也可能会削弱你追求成功的动力。你需要为成功的不利因素排个先后顺序，着力应对列表上的前几个问题。对于处理消极面你会更有把握，这会激发你的动力，而非削弱你的动力。

　　再看看企业家思维的下一个阶段。当我们做出重大人生改变的时候，通常会利用曾经帮助我们获得成功的方法和方案，并将其运用到新领域中。然而，对新旧领域的关键区别视而不见会导致过去的做法和现在的需求脱节。在极端情况下，我们过去的优势可能会变成当下的弱点。转入新领域也会让一些关键设想浮出水面，有时我们甚至都没意识到自己曾做过这样的设想；同时，它也会让我们的自然倾向浮出水面，这些倾向曾经看似无害，如今却可能导致严重问题。这些倾向包括与志趣相投之人结伴同行的愿望、想拉亲朋入伙但又逃避有效合作所必需的艰难对话的做法、屈服于平等吸引力的行为等。在决定做出改变时，有些设想可能会给我们带来问题。接下来，我们将会了解如何结合企业家的最佳实践来识别这些根深蒂固的问题设想。

第二部分

管理改变

在对卡罗琳、阿希尔、巴里·纳尔斯等人遇到的危机和转折点进行研究的过程中，我们看到了在不同的生活领域中采取企业家策略的价值。从敏锐地感知改变时机，到有效降低个人烧钱率，再到"先试后买"的做法，所有这些策略都有一个共同的主题：有时我们需要稍做停顿，放弃墨守成规的做法，冒险踏入令人不舒服的领域。

这就是本书第二部分讨论的全部内容——冒险进入未知领域，并做出具体决定。总体来说，我在与企业管理人员和学生交流时，会不时提及这个话题，因为这是他们人生中的转折点。他们面临着高风险的选择，是走向更舒适的生活，还是走向更不适的生活？他们应该依靠直觉，还是应该采取那些奇怪的反常行为？他们应该按照人们的预期行动，还是应该另辟蹊径？

我之所以和他们产生共鸣，不只是因为我自己经历过许多转折，还是因为我和他们一样珍视自己的传统和习惯。摆脱固有思维永远不是一件容易的事。但如我们在接下来的章节中所见，如果你的决定拓展了自己理性权衡不同选择的能力，如果你的决定迫使你考虑长远问题并直面恐惧，例如别人可能对你的选择感到失望，那么你走上正轨的可能性就更大。

如接下来的章节所示，我们能从企业家身上学会如何更加适应"拒绝"这种概念，或者至少是客观地评价平凡的智慧。如果能做到这一点，我们对不熟悉的事物就会感到更加舒适，对于不舒适的事物也会更加熟悉。

本书第二部分也进一步研究了"早期选择会产生巨大差异"这一观点。不论是工作、创意项目还是婚姻，早期阶段的选择会在成长阶段结出果实，这与创业公司的情况一样。我们进一步研究了确保实现新梦想的方法，不管梦想是什么，只要你倾注心血，这些方法都能让它们茁壮成长，枝繁叶茂。

第五章

走不出的定式思维，舍不掉的墨守成规

渴望生存是人类的天性，我们善于发现异常和令人惊讶的情况。在远古时代，猎物快速逃窜就是异常情况。在当今社会，异常情况可能是萧条市场中的新公司，或是热门产品大减价。然而，这样的天性是有代价的，即我们会忽略习以为常的事物，但你我通常不会为此担心。我们习惯于对熟悉的事物置之不理。你是否有过驾车上班但不记录路线的经历？我们习惯不去主动思考，只做墨守成规的事，或者为了节省认知资源，一味依照经验法则行事。这样一来，当真正重要的事情发生时，比如机器里传出噪声，或者十字路口突然弹过一颗球，我们就会注意到。

但是，有时候节省认知资源会让我们陷入麻烦。当我们面对复杂多变的环境时，我们的习惯性反应就不起作用了。如果你认为久经考验的思维模式能很好地处理职业发展和人际关系，那你就错了。在面对人生重大抉择时，我们不能用骑自行车的常规方法来做决定。

定式思维带你走错路

工程师德斯坦·桑德林是一位优兔达人，他骑自行车已有多年。2015 年，桑德林的焊接工朋友送了他一个礼物，那是一辆有点儿特别的自行车：车把左转，车身就会右转，反之亦然。桑德林收到礼物后，立马一跃而上，但他没有戴头盔，因为反向骑车这样简单的事情是不需要头盔的！

还没有骑出 5 英尺①，桑德林就翻倒在地。他一遍又一遍地尝试，却怎么也骑不远，于是越来越沮丧。但是，他之前从未想过这与自己的骑车本能预设有关，或者工程师常说的"大脑中与骑自行车相关的算法"。之后，桑德林就算知道新单车与旧程序之间已经脱节，也很难适应这辆车。每当想改变方向时，他总是下意识地将车把转错方向，自己也总会从车上摔下来。"我的思

---

① 1 英尺 = 0.304 8 米。——编者注

维转不过来。"桑德林说道。[1]

桑德林每天练习 5 分钟，数不清"翻了多少次车"，8 个月之后，他终于学会反向骑自行车了。即使是这样，他还是要非常集中注意力，才能勉强理清这个算法。"就好像我大脑中有一条新路，如果不集中注意力，我的大脑就会放弃那条路，回到熟悉的老路上。任何小小的干扰，比如口袋里的手机铃声响了，都会让我的思路回到原来的算法中，那样我指定翻车。"桑德林向众人展示这辆车，承诺谁能骑出 10 英尺远他就给谁 200 美元。尝试的人不少，但没一个人能做到。[2]

桑德林大脑中的那个算法还有一种叫法，即定式思维。所有人都有自己的预设和思维方式，它们通常是隐形或无意识的，这些预设和思维模式决定了我们做决定的方法和后续行动的方式。[3] 在情况相对稳定、条件相当明确时，定式思维就会成为高效解决问题的捷径。但是，当我们要改变生活或者改变职业时，定式思维就行不通了，然而我们通常看不到这一点。即使我们逐渐意识到两者是脱节的，也很难打破固有的思维模式。桑德林在回想自己的经历时，沮丧地说道："头脑中的思维模式一旦固化，有时你想改变也改变不了。"[4]

无论是初创公司创始人，还是公司高管，不同领域的商人都会遇到这样的问题，而且他们通常应对不力。说到初创公司创始人，柯特·席林就是一个很好的例子。他曾因三次获得职业棒球大赛的冠军投手称号而名噪一时。退役之后，他转入商界开始创业。[5] 说到公司高管，不妨看看曾供职于通用电气及 3M 等全球著名公司的高管吉姆·麦克纳尼的故事。

2004 年是席林棒球生涯的巅峰之年，当时他是波士顿红袜队的投手，在 7 场 4 胜制的联盟冠军赛中，他遇见了自己的死对头——纽约洋基队。比赛的胜负将决定他们是否能够晋级职业棒球冠军赛。比赛之初，红袜队以 0∶3 落后洋基队，之后红袜队拿下了随后两场比赛，还没有哪支球队能在这种情况下赢得比赛。在第六场比赛中，席林回到赛场。他不顾脚踝肌腱错位，毅然决然参加比赛，于是医生为他做了临时处理，将错位的肌腱缝合在原处。比赛开始时，镜头扫过席林的脚部，发现他脚踝处的血已经渗进袜子，这意味着他的脚踝肌腱再次错位。然而，席林依然坚持比赛，且只丢掉一分。那天，红袜队拿下了比赛。之后，红袜队赢了联盟冠军赛和职业棒球世界大赛。席林的坚忍使他成为棒球界的传奇，也让他更加坚定了自己的信念——要做个挽狂澜于既倒的英雄！

大多数粉丝都不知道，席林喜欢玩网络游戏。14 岁那年，席林得到了第一台电脑——苹果二代，从此他就迷上了网络游戏。在接下来的几年里，除了训练棒球，席林几乎把所有的时间都用来写程序和玩角色扮演类游戏。成为职业投手后，他对游戏依然热情不减。回忆起自己早期的职业棒球运动生涯，席林如是评论道："娱乐与体育节目电视网的影响力越来越大，不管你做什么，它都会跟着报道。我怕媒体报道会影响我的婚姻，便很少露面。于是电脑就成了我的情绪出口，走到哪儿我都随身带着一台重达 15 磅①的笔记本电脑。"[6]席林的棒球事业不断发展，与此同时，他对电脑的嗜爱也不断加深。

于是，席林打算在退役后追求自己的一生所爱。他知道创业是件难事，但他并不担心。"9 天之内三胜洋基队，我从不怀疑自己的能力！我的人生就是去追求那些别人认为不可能的事。无论做什么，我的信念都是一样的。"[7]彼时的席林在明知成功概率非常低的情况下，也总能取胜。而且，席林的棒球生涯给他带来了巨大的优势：他可以轻而易举地找到合作伙伴，比如世界闻名的作家R. A. 萨尔瓦多。然而，他的决定也带来了意想不到的劣势。

正如席林所说，在棒球运动中向来"职权分明"——球员打球，老板持股。席林在管理自己的公司 38 号工作室（以其球衣号码命名）时也采取了这样的运营模式，并手握公司全部所有权。他青睐的一位CEO候选人曾以辞职相要挟，最终席林只得对所有权做出调整，将其中一小部分授权给这位CEO。后来，他又把一部分股权分给了这位CEO手下的几位高层。同样，席林习

---

① 1 磅 = 0.453 592 37 千克。

惯了先发投手轮值模式，在轮值中，先发投手的职责都是一样的：比赛开始时，先发投手要持球尽可能投入好球区，让进攻方尽可能少地跑垒。所以，毫无意外，席林公司早期管理团队的4名成员职责相似，这导致了管理层内部急剧紧张的局势。刚开始，席林认为员工应像棒球运动员那样，连续工作14天再休息。但是，公司员工迫使他做出调整，使其依照他们的想法来安排工作日与假期。

在38号工作室成立之初，上述管理与现实脱节的问题尚不明显，但随着公司发展，这些问题越来越突出，影响也越来越大，最终对公司造成了致命一击。公司发行的唯一一款游戏反响很好，但是其销量并不足以维持业务。2012年，席林的公司倒闭了。

或许我们可以理解，职业棒球和小规模初创公司之间差距太大，所以席林的定式思维不能跨越这巨大的鸿沟。（用杰夫·斯玛特的术语来说，席林改变了太多支柱。）但是，思维与现实之间脱节的问题同样出现在那些换岗不换业的人身上。例如，头号股票分析师在转到一家新的投资银行后，其职位不变，但5年之内业绩大幅度下滑。[8] 对那些变动大的人来说，思维与现实脱节的问题无处不在，而23%换岗不换业的人和29%换岗又换业的人常常忽略这一点。[9]

再来看看吉姆·麦克纳尼的警示故事。2001年，50多岁的麦克纳尼接管了3M公司。此前他在通用电气工作了30年，其上司是传奇CEO杰克·韦尔奇。杰克·韦尔奇每年都要开除10%的经理，这一点尽人皆知。麦克纳尼本是通用电气CEO的接班人，然而杰克·韦尔奇把位置传给了杰夫·伊梅尔特。不过，麦克纳尼第二候选接班人的成绩对股市并无影响。后来麦克纳尼成为3M公司的掌舵人，公司对外宣布的那天，投资者欢欣鼓舞，3M公司的股价暴涨20%。

　　麦克纳尼知道自己必须保障3M公司世界一流的创新环境，这里毕竟是发明了遮蔽胶带、新雪丽以及便利贴的3M公司。他说道："如果我抹杀了员工的创新精神，那我就真的毁了这家公司了。"[10]但他后来就是这么做的。麦克纳尼借鉴了通用电气著名的企业管理策略六西格玛，以审查流程，杜绝浪费，减少错误。他简化了3M公司的运行模式，开除了8 000名员工。这些措施都是韦尔奇带领通用电气走向成功的法宝，它们也都深深地印在了麦克纳尼的脑海中。但是，现在这些措施和条规限制了3M公司实验室的研究人员。麦克纳尼一直以来也很清楚，扼杀创新机制会毁了3M，但这并不足以改变他在通用电气工作时所形成的定式思维。最终，麦克纳尼离开3M，去了波音公司。他在3M公司任职期间的做法给他原本成功的职业生涯贴上了失败的标签。

　　一个优秀的领导者怎么能犯下如此大错呢？对于麦克纳尼的遭遇，任何人都有可能碰上。麦克纳尼在经受挫折后领悟到，过去十分奏效的思维方式在新的状况下可能会令我们一败涂地，因为这些方式会阻碍我们对不同的情况做出恰当的反应。这一点有助于我们养成新的生活习惯或解决问题的技巧，例如换工作后上班路径不同，所以你要调整自己的时间表，或者让自己适应新的生活节奏，在照顾宝宝的同时还要抽时间洗澡。

不管是什么情况，我们都要记住，打破固有的思维模式需要多次努力。桑德林注意到，即使他已经完全掌握反向自行车的骑法，或者至少是熟练掌握了它的骑法，他在骑车时依旧需要与大脑中的定式思维做斗争。这个过程漫长且艰难。

我曾经在某个专为游客和移民开设的论坛上见过类似的评论。到了一个陌生的国家，这些人都要换到"错误"的一边驾车。有位司机这样说道："在这里开车注意力要格外集中才行。过了一个月，我才敢在车里多说话。过了几个月，我才敢打开收音机。"[11] 有位与丈夫同行的女游客曾提供了一个非常具体的例子来证实切换到自动驾驶有多危险，"有一次，我们正倒车驶出车道，我丈夫习惯性地看向在国内倒车时会看的那个方向……差点就要撞上一辆反方向开来的车，那可真是千钧一发"。[12]

定式思维不仅仅关乎我们驾车或骑车的方式和采取的行为。从更深层次来说，它可以塑造我们的价值观，决定什么是当务之急。几年前，当妮科尔从事财务型工作时，她发现工作中的快乐很大程度上来自为一个比她自己更伟大的事业工作。在工作中，妮科尔取得了很多的成就，但其中最让她自豪的是帮助他人。帮助他人能让她快乐，哪怕只是一件最简单的小事。妮科尔告诉我，有一次在给一名田径队队友加油打气之后，她开车回家的路上"把车窗摇下来，大声放音乐，当时开心极了"。

然而，妮科尔在每次找工作时，她总是把目光放在工资高的企业上。"之前，学校有一个求职信息台，上面列举了分布在世界各地的几百个工作岗位，"妮科尔说道，"在绝大多数情况下，我关注的都是上学之前工作过的高薪行业，即使我在那些工作中干得并不开心。有几次我看了一些不同的工作，但薪水较低，每次看见这样的工作我都会马上关掉网页。"

妮科尔认为自己不是为了钱。她和丈夫住在一个小公寓里，她有一辆马自达汽车，已经开了 6 年。妮科尔的丈夫薪水丰厚，他希望妮科尔可以选择一份更有使命感的工作。然而，薪水问题让妮科尔迟迟不敢行动。她不停地担心有一天家里需要钱，而她在喜欢的岗位上拿的工资无法满足家里的需要。妮科尔感到自己被绑在了大投资公司的高薪职位上，在这个职位上，她一天要工作 15 个小时，通常周末也不休息。

有一天晚上，妮科尔很晚才回到家，她问自己："以后的日子都是这样了吗？放着真正重要的事不做，整天忙活那些无关紧要的事？"她的头脑清楚地知道工资不应该是择业的驱动因素。但在她心里，定式思维一直在作祟，这让她害怕有一天钱会变成一个问题。

　　妮科尔这样的思维模式是如何形成的呢？直到最近，她才意识到这种思维模式形成的根本原因。妮科尔的妈妈是家里唯一的顶梁柱，这样的成长环境让妮科尔认为自己有一天会像妈妈一样用单一的收入独自养家，于是她只会选择那些能养家的高薪职业。她发现，过去的经历塑造了现在的思维模式。妮科尔和许多人一样，类似的家庭经历让她形成了根深蒂固的思维模式，这种经历作用之大，在她的心智模型建立之前就已经产生影响了。这些无意识但极其强大的思维模式带来的影响可以摧毁我们，让我们悔不当初。

　　固化的思维模式甚至会影响我们选择伴侣。心理医生哈维尔·亨德里克斯指出，在性格方面，我们选择的伴侣的性格特征与抚养我们长大的人相似，一般来说，与我们的父母相似。[13] 亨德里克斯有位客户名叫约翰，他曾有过两个女朋友：帕特丽夏心善人甜，而谢丽尔总喜欢挑刺且待人冷漠。虽然帕特丽夏接近完美，但是约翰喜欢谢丽尔，尤其是在谢丽尔提出要留出更多时间与其他人约会后，约翰变得更加不能自拔。约翰的妈妈和谢丽尔性格相似，她也喜欢挑刺且待人冷漠。如果约翰在他妈妈心情不好的时候惹她生气，那么他妈妈就会几个小时都不和他说话。有一次，在和妈妈吵了一架后，小约翰哭着跑回了房间。他转身看着镜子里的自己，泪流满面。那时候他意识到，"有什么好哭的？又没人在乎"。小约翰擦干了眼泪，从那时候起，他就再也没哭过了。亨德里克斯医生解释道，谢丽尔的冷漠激起了成年约翰内心对亲近感的向往，这种向往和童年约翰所经历的一样，都是得不到回应的。这种向往带来了负面影响，但它胜过了约翰对帕特丽夏单纯且冷淡的感情。约翰喜欢上了谢丽尔，是因为他陷于幼年时期就已根深蒂固的思维模式。

思 考

- 想一想你是否有过这样的经历：在工作或生活中做了一个重大改变，换句话说，你踏入了一个截然不同的环境。这两个环境之间最意想不到的差异是什么？你有没有因为准备不足而遭遇了一些意料之外的坏事？

- 你很有可能找到方法来预先识别这些差异。回看过去，要怎么做才能找出这些差异呢？可以将这些方法应用到未来的改变中吗？

- 你是否知道自己应该做出改变，但是迟迟不能下定决心去付诸行动？

丹尼尔·卡尼曼在其著作《思考，快与慢》中说道，我们的大脑天生容易感到自我满足。[14] 在面对困难时，我们总是试图把难题简单化。在解决小问题时，比如买哪个复印机，果断做决定所带来的满足感可以盖过费脑分析得到的好处。但是，重大问题就意味着更高的风险。在遇见困难时，我们会放松警惕，因为我们认为自己已经解决了一个类似的问题，然而事实上，新问题需要新的解决方式，我们还要更加谨慎地思考这个问题：固有的思维模式是不是已经不适用了？甚至可能适得其反？

不可否认的是，与思维模式斗争十分艰难，尤其是当我们意识到有些思维模式早已根深蒂固，有些则在我们小时候就已经发挥作用。但我们稍后会说到，艰难并不意味着不可能。原生家庭和个人经历并不能决定我们的命运。只要我们愿意积极地认识并面对固有的行为模式，习惯就可以改变。这意味着主动寻找那些限制我们的行为模式，即使是在那些我们最不抱希望能找到这些模式的地方，比如在我们与和我们极为相似的人的日常交往中。

当骑上新的自行车，进入一段新的感情，或是找到新的工作时，我们总是趋向靠近那些和我们有相似经历的人，这是我们寻求安稳的一种方式。和这些与我们相似的人在一起，可以减少改变带来的不确定性。但事与愿违，这些相似性非但没有降低我们本想规避的风险，反而加剧了风险。

趋同性的危险

想想你最亲密的 10 个朋友。从人口统计学的角度分析种族、性别、宗教、社会经济地位和文化背景，你们的相似度有多高？大多数人与自己的朋友是相似的，这是因为物以类聚，人以群分，这种倾向的学术名称叫"趋同性"。简单来说，趋同性是指我们都会亲近那些和自己相似的人。社会多样性最大的障碍通常是种族和民族的趋同性，其次是年龄、宗教、教育、职业和性别。[15] 趋同性不仅难以在我们的社会关系中创造多样性，甚至会难以维持这种社会关系：没有相似性的个体之间形成的关系纽带比相似的个体之间的关系纽带更容易消失。[16]

从最基本的层面上看，地理位置邻近让人们更加亲近。曼哈顿的迪克曼街住房项目发现，88%的住户和最亲密的朋友住在同一栋楼，几乎一半的人住在同一层楼。[17] 种族和年龄在择友过程中同样起了很大作用：受访者60%的朋友与其本人处在同一年龄段，72%的朋友与其属于同一种族。只有在住得非常近的情况下，不同种族、不同年龄的人才能做朋友。

趋同性对政治的影响也非常大。在1972年的总统选举中，理查德·尼克松以压倒性的优势击败了乔治·麦戈文，拿下了美国55个州中的49个州，赢得了超过60%的民众选票。大选过后，《纽约客》杂志的宝琳·凯尔曾发表过一段著名的评论："我生活在一个相当特殊的地方。把票投给尼克松的人我只知道一个。我不知道他们住在哪里，与他们也素未谋面，但有时候去剧院看演出时，我能感受到他们的存在。"[18] 这段话有时被误传为"尼克松怎么可能赢呢？我身边根本没人投票给他！"

许多人会像凯尔一样，总是禁不住"政治站队"的诱惑。由39 所美国高校结成的联盟共同对 2016 年大选中 64 600 位具有代表性的选民进行研究。[19] 他们发现，在希拉里·克林顿的支持者中，有 63% 的人只和克林顿支持者交流，另外 12% 仅与克林顿支持者和那些未做决定的人交流。同样，大约 69% 的特朗普支持者只与支持特朗普的人交流，另外 8% 的人只与特朗普支持者和未做决定的人交流。参与调查的两名研究人员总结道："75%的克林顿支持者的直接关系网中没有特朗普的支持者，反过来也是一样。"[20] 有的时候我们会拒绝和那些政治意见与自己相左的人交流。比如，2014 年的皮尤研究发现，在脸书上，31% 的忠实保守党人与 44% 的忠实自由党人都曾因政治意见相左屏蔽或取关某人。[21]

经验主义告诉我们，趋同性并非普遍存在，但事实上，趋同性无处不在。我们通常认为，在爱情中异性相吸。然而，最近一项由 231 707 人参与的研究表明，在爱情和友情中，性格趋同性也发挥着极大的作用。[22] 一项关于同质性婚姻（与一个各方面和自己相似的人结婚）的调查从社会生活和人口统计的角度分析，例如，受教育水平、种族、宗教、职业、社会经济地位，得到的结论是夫妻二人间的相似性很高。研究人员德布拉·布莱克韦尔和丹尼尔·利希特尔分析了 10 847 名年龄为 15 ~ 44 岁的美国女性，得到的结论是，人们在约会、同居和结婚时，都趋向于选择受教育水平、种族和宗教这三方面和自己相似的人。高中学历以下的人和受教育程度相似的人结婚的概率是与受教育程度高于自己的人结婚的 52 倍。天主教徒和天主教徒结婚的概率是和非天主教徒结婚的 6 倍。非基督教徒（不包括无宗教信仰人士）与非基督教徒结婚的概率是和基督教徒结婚的 65 倍。种族同质性婚姻对人们择偶的影响无比巨大，非裔美国人与非裔美国人结婚的概率是和其他种族人结婚的 110 倍，白种人与白种人结婚的概率是和其他种族人结婚的 5 倍。[23]

我们倾向于认为效益驱动决策，公司里如果有不同的团队负责不同的任务，那么公司的效益会更好。于是，人们都认为公司应具有多样性。的确，美国社会学家霍华德·奥尔德里奇和他的同事也是这么认为的。他们一同研究了小型企业，原本以为在创业环境中功能多样性是主导，即在公司中有"生产者"负责生产产品，有"销售者"负责售卖产品。然而，奥尔德里奇他们发现在企业中趋同性几乎成了统一的规则，即公司里只有"生产者"或者只有"销售者"，而非两者都有。他们还发现，员工性别相同的概率是他们原先预想的 5 倍，种族趋同性则是原先预计的 46 倍，让人难以置信。[24] 只有对趋同性高度警觉的企业家才能抵挡如此强大的力量。

团队里充满了相似的人会带来巨大的风险。在缺乏技能多样性和知识多样性的情况下，团队里具有趋同性的同事可能会一致同意某项计划，即使该项计划应该被否决。假如你是一名产品设计师，与另外一名设计师合作。"给你看看我设计的完美产品！"他兴冲冲地向你说道。你没有否决他的设计，也没有指出该设计缺乏卖点，而是向他竖起了大拇指，但销售人员不会这么做。或者你是一名销售人员，和你一组的是另外一名销售人员。当他把他的产品展示给你时，你没有像技术合作伙伴那样指出该产品的技术不可行性，而是强化了该产品的理念。显而易见，一个由相似的员工组成的团队所拥有的社交关系网和建立起来的商业联系会限制团队获得信息资源。例如，想象一下，你在一家法律公司的招聘部门工作了许多年，但现在你认为自己更喜欢人力资源部门的工作，我的一名EMBA学员就遇到了这种情况。在决定是否应该去人力资源部工作前，她也许会向导师咨询意见。然而，如果导师的背景和观念与她相似，那么他们共同得出的结论就会十分狭隘，无法看见至关重要的决胜因素。想象另外一种情况：假如你正在为部门招新人，或者为公司找合伙人。如果你找的人与你拥有相似的人际关系网，那么你的选择就会非常受限。

维韦克·库勒创立了智能票务公司，这是一家主营电子客票的初创公司。库勒是一名印度人，原先是位工程师，之后去读了商学院。他告诉我，虽然他对票务产业及其场馆一无所知，但他发现了一个可以用电子票取代纸质票的绝佳机会。最初，库勒考虑了许多不同的潜在合伙人，其中一位潜在合伙人在私募股权公司工作，他能为初创公司筹集资金，还有一位潜在合伙人家里有一个体育馆，并且他对票务产业有深入的了解。然而，他最心仪的合伙人是个印度人。这位合伙人之前是个工程师，尽管他十分优秀，但是他对票务产业及其场馆知之甚少。库勒放弃了其他合作人，专注于吸引这位志同道合的合伙人。

这样的做法复制优势，放大劣势，这正是趋同性的典型后果。这两位创始人组成的团队多了一份工程师思维方式，但是对于场馆运行模式以及场馆运行商做出购买决定的过程，他们一无所知。一年后，这家初创公司倒闭了。后来，票务公司 StubHub 抢占了这一市场，之后以 3.1 亿美元的价格被亿贝收购。这件事也登上了报纸。创始人收到朋友送来的报纸，上面还附着一张纸条："这本该是你的公司。"

我们在课上讨论库勒的决定时，学生快速认识到了趋同性给库勒团队造成的漏洞。然而，有许多学生坚信自己能够避免犯同样的错误。真的吗？

在学生不知情的情况下，我通过小组课前准备的方式测试了他们对趋同性的敏感度。在学期之初，我把一位工程专业的学生，一位商业专业的学生，还有一位其他专业的学生放在一个组里，让他们组成功能多样化的小组，就如同奥尔德里奇在研究之前所设想的那样。之后，我解散了这些小组并让学生自行组队。等他们批评完库勒的趋同性后，我打开了一张幻灯片，向他们展示最初的小组组员和自行组队后的小组组员对比，比较结果令人吃惊。学生自行组队所形成的小组正是趋同性的表现。很多组的组员全都是工程专业的学生或全都是商业专业的学生。

学生紧张的笑声在教室里传开，他们意识到自己现在和将来在这股强大的力量面前多么不堪一击。学生回顾了在自行组队小组里的学习过程，他们意识到，趋同性降低了小组的学习效率，让组员忽略要点。组员都是工程专业学生的小组常常忽略市场对产品的看法，而组员都是商业专业学生的小组低估了研发产品的操作挑战。

趋同性的另外一个风险是它常让人误以为双方已达成了共识。人们总认为"我们在基本问题上看法一致，所以无须将协议正式化"。照片分享应用软件色拉布的联合创始人埃文·斯皮格尔和雷吉·布朗曾是好朋友，他们都是大学兄弟会的成员，并且有类似的优势。作为彼此亲密无间的朋友，这两位创始人忽略了法律文件的必要性，他们仅有的是一份模糊不清的口头"创始人协议"。然而，趋同性让他们陷入了麻烦，即他们的能力重叠。斯皮格尔作为CEO认为联合创始人兼首席营销官布朗对公司并没有增加任何价值，他相信自己可以一个人完成市场营销工作。最终，斯皮格尔解雇了布朗，并宣布他无权参与公司事务。布朗原以为创始人之间可以平分公司股权，但斯皮格尔假装布朗并不持有公司股权。[25]

　　这件事让他们的友谊彻底破裂。"别忘了他们曾是兄弟会成员，是最好的朋友，"布朗的律师卢安·德兰说道，"在创立色拉布公司时，这些联合创始人根本没有想到相关的法律事务。"[26]在被踢出公司后，布朗仍密切关注着公司的进展。在听说脸书想要以 30 亿美元的价格收购色拉布后，布朗把色拉布告上法庭，想要拿回他认为自己应得的公司股权。最终，色拉布公司向布朗支付了 1.575 亿美元的和解费。后来，色拉布公司尽管对外公布了这笔赔偿金，却从未承认布朗是其联合创始人。[27]

　　趋同性有时不仅会让人忽略明确协议的必要性，还会让我们做出差劲的决定。经济学家保罗·冈珀斯与他的同事一起研究了 3 510 名风险资本家，这些风险资本家在 1975—2003 年共投资了 11 895 家投资组合公司。他们把研究的重点放在联合投资上，即多个风险资本家在一轮融资中一起投资了一家公司。冈珀斯和他的同事一起分析了这些联合风险资本家的"能力"相似度，比如他们是否都毕业于顶尖大学；研究人员还分析了其"亲近度"，例如他们是否都来自同一种族。冈珀斯和他的同事发现，许多联合风险资本家的"亲近度"很高：如果两位风险资本家来自同一少数民族群体，那么他们联合投资的概率会上升 22.8%。研究人员还发现，其他方面的"亲近度"有着同样的作用，例如，毕业于同一所学校或之前在同一家公司工作。[28]

趋同性带来的合作严重损害了风险资本家作为投资者的表现。冈珀斯和同事一起在书中写道，"来自同一少数民族群体的人一起合作会让他们的投资效益减少 20%"。[29] 两位投资者的亲近度越高，他们投资效益降低的可能性越大，通常情况下，他们的效益会降低很多。相反，能力相似的人合作会提高投资效益。研究人员对这一发现提出了一个可能的原因："为了能够与相似的人合作，人们降低了预期效益和尽职调查的标准，因为在这样的合作中我们可以追求个人效能。"[30] 趋同性带来的短期无形收益损害了长期的财务收益，而后者才是风险资本家应该放在首位的。这个典型的例子告诉我们，从长远来看，轻易做决定会损害我们的利益。

不可否认的是，找到和我们相似的合作者很容易，而找到天赋不同、关系网不同的合作者是十分困难的。想要找到高素质且和我们能力互补的合作者需要我们跨出社交关系网和工作网。

在公司里，趋同性被"文化契合"这一广受欢迎但又模糊不清的概念强化和延续，就连人事部经理对此都十分看重。科必思国际公司的一项调查显示，在招聘时，全世界超过 80% 的雇主把文化契合看作首要条件[31]，与其同等重要的是应聘者的兴趣爱好。在一项针对法律公司、金融公司和咨询公司等顶级公司招聘人员的研究中，美国西北大学的劳伦·里维拉发现，兴趣、家乡或人生经历与面试官相同的人会得到青睐。例如，里维拉虚构了一位在艰苦环境下长大并参加过"为美国而教"项目的西班牙裔应聘者。一位美国黑人律师表示他更喜欢这样的应聘者，他认为跟这样的应聘者有一些"真正可以谈论"的东西，而另外一名白人男性银行家认为这样的应聘者死气沉沉，他说："参加志愿活动和教书这样的事似乎很假，并且与观看运动比赛截然不同，而后者更像是一个真实的人会做的事。"里维拉采访的另外一位律师表达了自己对求职者的看法："如果你想到'这是我想要一起玩儿的人吗？是下班之后可以一起喝杯啤酒的人吗？'，那么你会对这些求职者十分期待。"[32]

经常有这样的情况发生：面试官想聘用某人，但是他又说不出这个人的具体价值，这时面试官就会说这个求职者的文化契合度很高。斯玛特招聘咨询公司的杰夫·斯玛特便切身体会到雇用文化契合的人会给公司带来问题。他在我的课上说道："很多面试官都犯了一个错误，他们都会想'我和这个求职者能合得来吗'？但是面试官与很多人都能合得来，所以更重要的限制条件是求职者的表现。工作表现与相处融洽没有关系！"

即便你组建了一个极其多样化的小组，组员各有鲜明的观点，这个小组的多样性也可能很快就会消失。若是没有新的组员加入，那么原有组员随着时间的推移就会越来越相似。加入小组之后，相同的观点会得到强化，而不同的看法会被压制。[33] 于是，不合群的成员早早就离开了组织，留下的是观点相似的成员。[34] 另外，伊丽莎白·安弗莱斯和她的同事发现，在等级森严的公司里，当新人想要融入公司时，职位高的员工却不愿意与职位低的员工交流，他们把这些新人晾在一边，让其相互取暖。[35] 雇主把不同的员工招进公司，但是无权在非工作时间管理员工。所以，尽管雇主的本意是好的，但是由于种族、社会经济地位和性别的差异，公司里还是会出现小团体，而这些小团体会妨碍公司内部的信息共享。

思 考

- 假设你要找 5 位最亲密的朋友与自己共同完成一个合作项目。
  - 团队的技能、可运用的关系网或观点的多样性是否存在漏洞？
  - 你们是否属于同一种族或信仰同一宗教？你们的教育背景与经济地位是否相似？如果是的话，这些相似性是阻碍你完成项目，还是有助于你完成项目？
- 现在假定你的小组组员的能力、关系网以及观点都不相同。在实现团队或你的目标方面，这个团队给你带来的益处和挑战是什么？

第六章

反思旧做法，建立新思维

在本书第二章和第四章中，我们看到经验丰富的创业者如何避免惰性和冲动，以及如何克服对失败的恐惧，并学会为成功做计划。在本章中，我们将会关注另外两个点：避免过分依赖定式思维，要抵制"人以群分"的倾向。

前几个章节说到的技能都十分重要，掌握这些技能也并非难事。你只需要把这些技能看作好习惯，众多创业者正是运用这些好习惯以合理的速度推进他们的非常规想法，使他们能够向前看而不是向后看。相比之下，第六章需要我们挖得更深，探得更远。定式思维和趋同性在我们的头脑中已经根深蒂固，成为其不可分割的一部分，以至于大多数人都没有意识到它们的存在。我们通常不会意识到定式思维和趋同性会给自己埋下祸根，更不会想要和它们对抗。然而，成功的企业家是如何找到契合的视角来质疑它们的呢？

决战定式思维

失败是位良师。梦想成为企业家的人会尝试许多"正确的做法"，甚至有人从小就开始这么做，而失败会暴露他们预先形成的思维中的漏洞。原来，墨西哥胡椒味的柠檬水并不是夏天的抢手货；原来，聚苯乙烯泡沫塑料不是耐用的造船材料；原来，用于识别昆虫的软件的应用原理十分复杂。在失败面前，有人会质疑自己的能力，而成功的创业者不同，他们会质疑自己的预设。

自我怀疑会让人失去动力，而质疑之前深信不疑的想法会让人激动，虽然刚开始时你并不这么认为。质疑原先的预设会使你看清事物之间的联系并抓住机遇，而这些都是别人忽视的。在生活和工作中的众多转折点质疑预设益处无穷，而思维定式会构成最大的威胁。为了培养良好的质疑习惯，你需要积极主动地寻找盲点，征求他人的反馈意见，以帮助识别被忽视的漏洞。接下来我们将详细讨论这些策略并寻找堵住漏洞的方法。

积极寻找盲点

我经常看见企业家在创业初期或创业之前明确地分解自己的创业计划，并将其与他们在之前的工作和生活中形成的思维定式作比较。这些创业者有三个关注点，我将其称为"3R"：运用之前的人际关系网来寻找合伙人或重要岗位的员工；如何做出决定和安排职位；如何通过奖励和其他激励措施来吸引与鼓励人才。

在第五章中，我们讨论了棒球职业联赛冠军投手兼网游创业者科特·席林的故事，他在以上三个方面均犯了错误。创业初期，席林运用以前的关系网找到了他的游戏好友，聘用他们为公司的第一批员工，之后却不得不解雇他们，转而聘用更加专业的员工。席林早期的管理层员工的职责相似，与其所在的先发投手轮值做法无异。这一状况最终导致公司成员间的关系紧张，于是席林在管理层内安排了不同的职位，并相应地调整了管理层结构。同样，席林不得不改掉之前由棒球驱动形成的"权限分明"的定式思维，转而采取了更有效的奖励机制，即把一部分股权让给对公司有杰出贡献的人。席林学得很快，但是他未能及时调整策略，给公司造成了高度紧张局势、人员流失和增长挑战。这类盲点本可以通过积极的探究而不是被动的修复早日浮出水面。

在一项针对来自超过50个行业的400名猎头顾问的研究中，研究人员鲍里斯·格鲁斯伯格与罗宾·亚伯拉罕斯发现，工作变动是人生的一个转折点，此时探寻我们定式思维的漏洞会产生很大影响。[1]这项研究强调了在考虑换工作时质疑"3R"预设的重要性：例如，在新环境中员工将是乐于助人的和平易近人的（人际关系），新职位将与官方名称和工作描述（角色）相吻合，以及公司的财务稳定且占有较大市场份额（一个影响潜在回报的因素）。

格鲁斯伯格与亚伯拉罕斯发现，工作换得最成功的人会考察新公司，分解他们的定式思维，找出适用与不适用的部分。他们会问："如果我对这个新职位的看法有误呢？有什么能证明这家公司对我的发展有益？"之后，他们会调整过时的因素。这些结论中最为关键的一点是探寻和坚持的重要性，即克服招聘高压，在每一个阶段都要不断地问这些问题。那么，我们如何遵循这一原则，避免陷入被动局面呢？

设定事项提示与检查清单

在加入我的课程或创业集训营后，学生或者创业者做的第一件事就是完成自我评估，评估他们在 16 个关键的岔路口会做出什么决定。我的研究表明这些岔路口对创业者非常重要。例如，在创业时，他们会选择自己创业还是与人合作？他们会紧握决定权还是分享决定权？他们会拒绝外来投资还是希望吸引投资者？他们的初步自我评估结果反映出他们对每个选项的直觉——在内心驱使下做出的选择。之后，我们研究了他们的每一个决定，学生和创业者也仔细考虑了这些决定，并学会了用大脑思考后再做出决定。最后，我要求他们重新对这 16 个问题做出评估，并标出改过的答案。平均来看，他们的改动率为 5/16。

然而，我一次又一次地发现，仅仅知道思维与现实之间存在脱节问题还远远不够。我们极其容易无意识地跟着心走，而不是在心与脑有分歧时及时悬崖勒马。然而，优秀的创业者能够找到有效的方法，并在心中预设与现实不合时提醒自己三思而后行。我见过的最有效的做法是什么？有位创业者将这 16 个问题的答案放在办公桌上，并标出他前后选择不一致的地方。他养成了一个习惯，即每当面临重大决策时，他都会看着这张纸，看看这个决定有没有与现实脱节。

表 6-1 是某个学生的决定地图。在我们深入研究每一个决定后，这个学生可以从表格中清楚地看见在每一个岔路口大脑给她下的指令，以及哪些决定不同于课程开始前她在内心驱使下做出的决定（箭头从原来的答案指向新答案）。心与脑在 10 个问题上做出了同样的选择，所以在这 10 个方面她可以做自己认为对的事情。而在其他 6 个决定（表格中灰色背景部分）中，她的心与脑出现分歧。在仔细研究这 6 个决定后，这位学生意识到她应该避免做出会让自己失去对初创公司控制权的决定，在涉及投资人和接班人事务时尤其如此。这位学生将这张表打印出来，并开

始培养一种习惯——在做出这 16 个决定前，她都会看着这张表，思考自己是否陷入那 6 个心脑出现分歧的状况。同时，当涉及外来投资者的阶段时，这位学生学会了保持警惕，因为她有一半的改变发生在这一阶段。这份决定地图强调了时刻保持警惕的必要性，让她牢记个人倾向与实际目标之间的矛盾。

表 6-1　创业路上的 16 个问题图

初创公司的潜在参与者	决策领域	以掌权为目的的决策	以营利最大化为目的的决策
创始人	独立创业 vs 团队创业	独立创业	团队创业
	关系	利用朋友和家人的关系网来寻找合伙人	利用强关系和弱关系/远关系来寻找合伙人
	角色	拥有绝对的决定权　←	与合伙人共同做决定
	回报	拥有大部分或者全部的股权	分享股权以吸引和激励合伙人或重要的雇员
员工	关系	按需在密切的个人关系网（朋友、家人和其他人）中招聘	扩大社交网络（不熟悉的人），寻找最佳人选
	角色	掌控重要决策	把重要决策交给相应的专业人士
	回报	招成本低的新员工（潜在的后起之秀）	招成本高、经验丰富的"明星"员工

（续表）

初创公司的潜在参与者	决策领域	以掌权为目的的决策		以营利最大化为目的的决策
投资人	自筹资金 vs 外部投资	自筹资金	←	外部投资
	资金来源	找家人、朋友或"只投钱"的天使投资人	←	找有经验的天使投资人或风险资本家
	条款	拒绝一切威胁控制权的条款（如绝对多数制）		愿意接受最佳投资者提出的必要条款（如绝对多数制）
	董事会	反对建立官方董事会或者绝对掌控董事会	←	以吸引最佳投资者和董事为目标，即使会失去董事会控制权
接班人	是否愿意退位	拒绝放弃CEO的职位	←	如果有比我强的人，我愿意放弃CEO的职位
	退位之后	离开公司	←	在公司别的岗位工作
其他因素	增长速度	循序渐进		高速发展
	职业困境：何时创业	当我具备能力和经验且无须外界帮助时		寻他人帮助以填补我在重要领域缺失的能力
	公司规模大小	创立一个市值500万美元的合资公司且掌控100%的所有权		创立一个市值1亿美元的合资公司但只拥有5%的所有权
最有可能的结果		掌权，公司市值低		公司市值高，有可能失去控制权

注：灰色部分代表心脑出现分歧的决定

你还记得在适应反向驾车过程中所面临的问题吗？司机都知道要改变方向，但还是会无意间按照原来的方向行驶，这种驾车方式在自己的国家是完全正确的，但是在其他国家会危及生命。这样的情况极有可能发生，尤其是在司机疲惫不堪、不能集中精力和注意力与原先的思维习惯做斗争时。就像之前那位把"脱节"图贴出来的创业者一样，第五章中提到的需要"反向行驶"的司机也采取了同样的办法。他们为自己设立了一个可视且有效的提示物，来提示他们所处环境的不同："我真的觉得开手动挡的车更好些……开自动挡的车会让人觉得一切正常，跟在国内没什么区别，有人就会不自觉地像以前一样开车，这可就麻烦了。你会看见变速杆在你的左侧，手动调挡是给大脑的提示，告诉你现在的道路不同以往，能让人时刻警觉。"[2]

如果你不能改变环境或者不能给自己设立一个显著的提示物，那么你可以试着改变做事的节奏。例如，留出时间来回顾之前所取得的进展，这会让你避免在急速前进的过程中犯下错误。另外一位参与了上述评估的创业者把这 16 个问题设置为日程提醒，以做好应对意外状况的准备。不一定要列出所有的决定，但是思考的时间一定要留出来。

加州大学洛杉矶分校的康妮·格西克发现，有风险资本支持的初创公司常常会设立检查清单——通常是在一段特定的时间检查一次或是在消费一定数额的钱之后检查一次，该检查清单为公司带来了良好且积极的变革，因为通过这个检查清单，领导者可以确定心中向往的目标是否有可能实现。格西克曾对医疗产品生产公司M-Tech进行研究。该公司的CEO查尔斯·鲍尔斯十分看好公司的新产品。为了检测进展以及做好规划，这位CEO决定每6个月召开一次重大会议。他把一年的时间一分为二，在年中设立一个检查清单，以检测产品所取得的进展。6个月的时间足以用来实施计划和收集产品数据，以及在检查大会上调整方案。说到公司的新产品，CEO鲍尔斯表示："我们很努力地推销公司的产品，截至1月，我们的销售团队也都到位了。"然而，在7月召开的年中例行检查会上，鲍尔斯与公司产品研发部的几位副主管发现，公司最看好的新产品根本没什么市场。于是公司很快地调整策略，转而支持排位第二的产品，这一方案终获成功。查尔斯·鲍尔斯和投资者都认为这个决定拯救了这家公司。[3]

很少有人会把消防员和企业家放在一起作比较，但是消防员这个群体同样需要基于有限的信息和时间做出高风险的决定。同样，消防员也有自己的检查清单。研究人员曾对城市消防指挥员做过研究，他们指出，在做决定时，有经验的消防员"不会刻意地仔细思考不同的选项"。[4] 相反，从本质上来说丰富的经验使他们形成了固有思维，他们正是以此为基础将新现场与先前的火灾现场作比较，从而制订救火方案。有经验的指挥员与创业者一样，他们都会设立检查清单，如果情况没有以类似于过去的方式发展下去，他们可以做出正确的判断并调整方案。比如，研究人员发现，在到达建筑物着火现场后，有经验的消防指挥员会快速观测火情蔓延速度，以确认他对起火点燃烧情况的判断是否正确。指挥员所观测到的情况会决定他下一步该如何指示整个团队。

设立检查清单需要你对周围不断变化的情况做出评估。检查清单会督促你反思自己，帮助你整合新信息，以判断目标是否有可能达成，并让你根据需要做出策略调整。在生活中，"设立检查清单"可以给予我们很多帮助。例如，我有位学生已经订婚，她正考虑什么时候生孩子。于是她和她的未婚夫设立了月检查清单，看看生孩子这件事情对于他们之间的感情会产生怎样的影响。在每个月讨论的时候，他们都会考虑是否需要转换思维以适应新情况。每当处理检查清单时，这位学生都会问自己这些问题：这个月我们在一起的时间足够多吗？我们是否感觉到隔阂、孤独和压力？我们是否履行了每周约会之夜的承诺？根据以上情况，我们应该如何调整生育计划和夫妻相处之道，以防止情况变得糟糕？

同样，无论你此刻的目标是什么，你都可以确立一个检查清单来定期检查自己。你不仅要看自己取得了多大的进步，还要质疑自己的预设。假设你现在在写一本关于生物降解包装的书，你已经写了一年并且写出了一些漂亮的文章。但是，你是否应该重新审视自己的预设，仔细想想写书是不是引发社会变化的最佳途径？组建非营利教育组织或环保专家小组会不会更有成效？或者，在一家当地企业做可持续发展官会不会更好？

自我诊断只是开始，通常并不足以彻底解放我们的思维。如果不征求他人的反对意见或不寻求他人帮助，那么我们极有可能再次陷入之前的预设。

征求反对意见

科特·席林在管理公司时不愿把公司股份交给员工，而一直保持着职业棒球的管理策略，直到他最中意的CEO候选人对他的定式思维提出了反对意见。其他企业家则发现，更有成效的方法是明确允许员工反对他们的想法或做法，甚至是授权员工这么做。事实上，创业者常常会聘请经验更加丰富的员工或顾问（他们的思维方式与这个行业密切相关），让他们质疑自己的决定。

巴里·纳尔斯曾在电信公司巨头GTE担任了很长时间的高级主管。在20多年的工作时间里，他形成了根深蒂固的"大公司思维模式"。而之后，在他创立电信服务公司梅瑟吉的过程中，原先的思维模式并不适用，这给他带来了巨大的损失。创业初期，纳尔斯就感觉到原先的思维有漏洞，这让他十分痛苦。麻烦最初体现在阅读数字上：

难度最大的改变就是阅读数字了，这听起来没什么，但实际上还真不是。在GTE时，我总会不自觉地在每个数字后面加上3个0或者6个0。比如"15"这个数字代表的是15 000或是15 000 000，而不是"15"。在梅瑟吉发展初期，看着公司的花费，我会说，"我们不可能为此花了15 000美元"！其他人会告诉我，"不，是15美元"。我花了很长的时间才搞明白那些小数字，因为过去25年，我看的数字都是以百万为单位的。我也是克服了很大的困难才改掉了这样的习惯。[5]

这样一来，纳尔斯便找出了漏洞并将其补上了。

最重要的是，纳尔斯感觉到自己并未为创业做好充足的准备。他联系了一名已离职的员工，该员工现在是一家风险投资公司的初级合伙人。纳尔斯把融资计划书的初稿给他，希望他能提些意见。纳尔斯说："他直接把计划书丢了回来，并跟我说，'你没必要把这么详细的计划书给风投公司！风投公司是希望你能仔细考虑所有的细节，但是他们想看的是公司发展的重要节点。你只需要给我三个节点，而不是详列几百件琐事！你要告诉我公司在什么时候能搞出大动作，让我知道钱投对了地方'。"[6] GTE公司那种事无巨细列计划的做法在这里行不通了。

这位朋友还指出纳尔斯没有提供详细的团队信息。纳尔斯在展示中主要说了自己的创业计划，但是投资者最想知道的是纳尔斯的个人背景,而纳尔斯没有为此准备,连一张幻灯片都没有。纳尔斯最终认识到,"风投公司认为,优秀的管理者就算拿到一份糟糕的商业计划书也能化腐朽为神奇,而糟糕的管理者就算有一份好的计划书也会失败"。[7]

纳尔斯慢慢发现,长年在GTE任职的经历会误导自己,让自己走错路。于是,他把修改融资演讲稿当作调整战略的第一步。在GTE时,高级管理人员想看见的是你已经考虑过每一个细节,而风投公司知道,就算是最缜密的创业计划也得调整,他们会把重点放在少数首要任务上。GTE公司靠着自己的名气就有新业务,而员工的简历并不重要。但是,在没什么名气的初创公司里,关键岗位上的员工是最重要的。

纳尔斯吸取了这位专业人士的意见,在融资演讲稿里添加了三四页的个人简历和三四页的未来团队成员简介。他绞尽脑汁想出了三个今后要达到的主要目标,简化了原先详尽的计划书。改变思维让纳尔斯得到了回报:他的融资路演让投资者信服。纳尔斯拿到了300万美元的风投资金并成功吸引大公司的合伙人加入他的董事会。[8]

你可以想一想自己的董事会成员有哪些人,他们或许可以评估你的思维与现实之间是否脱节。这些人中是否有人对你的新领域有所了解?如果有,那是再好不过了。如果没有,那么请你想想身边是否有这样的人,以及他们对你本人、你的思维习惯和新领域的要求是否有所了解并能为你指出未来最大的风险。找一位你最喜欢的老师或一直有联系的前任老板，和他们谈谈你正在面临的转折点。如果有亲戚在你最喜欢的领域或在你刚进入的行业内有所建树，那么你可以登门拜访并寻求帮助。如果身边有人的家庭生活让你羡慕并且他可以坦诚地给你建议，那么当你考虑结婚生子时，你可以向他咨询意见。你是否喜欢陪他的孩子玩儿？你喜欢孩子们玩耍时或者孩子和家长一起玩耍时的情景吗？家长（甚至是那些孩子）认为家庭幸福美满的秘诀是什么？如果你正在考虑移居新城市、重返校园念书或者换工作，你可以向有经验的朋友的朋友咨询意见。在他的印象中，什么样的决定和行动发挥了至关重要的作用？

在工作中，你可以定期向同事或老板寻求工作反馈，尤其是当你正适应新的工作环境时，你就可以寻求更多的意见来找到思维漏洞。在工作几周后，你可以问问经理自己有什么需要改变或者需要格外注意的地方。如果你每一次这么做都能在"开始这么做""停止这么做""保持这么做"这三个方面添加新事物，那你就能更快地适应新环境。（尽管这有些别扭，但是你可以在家里尝试同样的步骤，以增进夫妻感情。）别想着经理会积极主动地告诉你这些，通常情况下他们是不会这么做的。所以，积极主动地询问"我是新来的，你能帮助我吗？"对你来说更加重要。记住这个方法不是新人专用。如果你是公司的老员工，肯定已经形成了固定的思维习惯，向周围的人寻求反馈能帮助你突破固有的思维习惯，或者确认自己是否困于定式思维。想一想本书第四章中我在办公室墙上贴的学生谏言：人很容易循规蹈矩，对所做之事越擅长就越是如此。所以，你要掌握主动权，探求思维与现实脱节的情况。

接下来你要做的是确保自己认真听取批评意见并采取行动。大脑明确地知道，能让我们从中受益的是充分意识到新旧环境的不同，而不是掩饰差异。但在内心深处，找出差异并适应不同的环境可能十分痛苦。哈佛商学院的莱斯利·珀洛指出，"很多人都认为，掩饰差异比讨论差异更容易"。[9]他们认为，如果想顺畅地完成工作并保持良好的人际关系，保持沉默是上策。然而，随着不满情绪越积越多，最终受影响的是他们的工作和人际关系。

第五章中提到的从事金融业的妮科尔告诉我，在苦苦找寻更好的工作时，她一直忽略了寻求他人的建议，直到她意识到自己生活过得一团糟——"整天忙活那些无关紧要的事"，才开始聆听他人的建议。最终她意识到，"生活不会让我忽视我的导师告诉我的东西"。

向成功的创业者学习，吸取建设性的异见，不向绝望低头。有位心怀理想的年轻人正考虑就读神学院，于是他找了一位管理神职人员招聘协会的老朋友聊天。他们讨论了管理层与教会会众时而蛮不讲理的管理手段。通过这次坦诚的对话，这位即将步入神学院的年轻人对职业选择有了更深刻的看法，但他依旧不改初心。

成功的创业者在听到反对意见时不会对自己感到失望，这与本章开头提到的倾向有关，即当遇到挫折时，成功的创业者只会质疑自己的预设，而不会怀疑自己。虽然这样的倾向与巴里·纳尔斯发现的企业家精神截然不同。风险资本家会十分看重创业者的个人能力，但是成功的企业家会把自己和想法区分开。成功的企业家知道，优秀的企业家能够并且将会想出好点子和坏主意。全面看待负面信息的能力说明了创业者的另一个重要特性：灵活性。

灵活地思考

有些思维一旦固定就很难更改。第一个例子，德斯坦·桑德林花了 8 个月才学会骑反向自行车，即使在学会之后，德斯坦·桑德林还是需要高度集中注意力，否则就会从车上摔下来。

心理学家指出了培养心理灵活性的重要性，而不是死守着我们最为熟悉的处世方式。[10] 例如，我们应该根据不同的情况采取不同的应对策略。举个例子，美国乔治梅森大学的心理学家托德·卡什丹与南佛罗里达大学的乔纳森·罗滕堡指出："在大多数情况下，做事有条理且认真负责的人更有责任心和自制力。但是，如果环境需要他们当机立断采取行动（例如邻桌用餐的客人似乎噎住了），他们的主导反应就会带来问题。"[11]

很多时候，对抗我们的主导反应需要自上而下的策略，即明确新工作的要求，抑制最初的冲动，也就是什么也不做或做出惯性反应并冒险采取行动（但愿是在客人被噎死前）。很多时候我们面临的挑战更加艰巨，那是因为我们很可能意识不到环境需要我们做出反常规的行动，或者甚至意识不到有情况发生。在一项经典的实验中，参与者需要观看一段篮球运动员的影像并数出运动员传球的次数。在影像播放到一半时，有人扮成大猩猩走到球场中间，面向镜头，捶胸之后离开了。整个过程持续了 5 秒。而令人震惊的是，73% 的参与者居然没有注意到这只大猩猩，因为他们正全神贯注地完成他们的计数任务。[12]

同样，思维灵活性，即根据周遭环境变化而改变思维方式和行为习惯，也十分重要。如果你的思维方式是唯一且根深蒂固的，那么这对你来说尤其困难。在工作中，如果你仅在一家公司任职过（或者只在一所大学教过书，就像我之前也只在一所大学任教，后来以客座教授的身份去其他三所大学上课），或者仅在一个城市居住过（我的三个孩子就是这样，他们仅在波士顿住过，还是同一个房子），那么你会遇见这样的困难。如果你符合上述情况，那么你可以去另外一家公司工作或者去新城市生活，以增强自己的灵活性。

巴里·纳尔斯在决定创业前在 GTE 工作了 20 年。如果他之前哪怕在两家公司工作过，其思维模式都不会如此根深蒂固且一成不变。纳尔斯意识到自己从未在比GTE小的公司工作过，于是他决定在创业之前先在其他初创公司工作。纳尔斯在一家初创公司负责市场营销和产品战略，在另外一家则负责技术战略。这些工作经验扩大了他的思维模式，让他在创业前尽可能地发现思维与现实之间的脱节。

创办企业这一任务挑战了纳尔斯已不再适用的大公司思维模式，即他依赖着循序渐进的过程，他坚信每一个员工都需要一个利基市场，每一个利基市场也需要一个员工，他期待着当他走错路时，同事会站出来提建议。创业之后，他学会了快速做决定，成为全能型老板，并且他意识到，很多时候，他要独自承担起不走错路的责任。

也许有人会说，像纳尔斯那样进入一个截然不同的环境后形成的新思维模式很快又会根深蒂固。但对德斯坦·桑德林和他的骑车思维模式来说，这样的说法并不成立。对纳尔斯来说，事实也并非如此。从小公司的成长经历、在大公司的工作经历和为初创企业招人这三个阶段积累而成的思维模式都增加了纳尔斯作为创始人的灵活性。此外，尽管新的思维模式压过了旧的思维模式，但是在这一过程中，我们与旧的思维模式做斗争，并且找出了思维漏洞，质疑了自己的预设。比如，与我们相似的人是世界上最聪明、最有能力的人。

为团结而战

南加利福尼亚大学商学院的教务处时常组织两个部门的同事一起吃午饭。一般情况下，如果没有这种机会，这两个部门的同事不会混在一起。到场的教职员工能够相互认识、互相交流，并享用教务处提供的免费午餐。我曾参加过几次类似的活动，每次都让我印象深刻。在最近的一场活动中，我认识了一位部门主管，他对升降机的原理十分感兴趣。

如果仔细想一想，你会很震惊：洛杉矶是美国第二大都市，也是环太平洋地区主要城市之一，而名声远扬的南加利福尼亚大学就坐落在这座城市的重要交叉路口处。不可思议的是，这样一所大学居然需要组织正式的活动，以吸引教职员工走出自己习以为常的小圈子。这其实反映了人的本性：即使是在这样一个国际性的都市，趋同性仍是一股不可抵抗的力量。

更引人注目的是，许多最成功的企业家都设法抵抗这股强大的力量。他们或依靠自己，或寻求别人的帮助，但最终都认识到趋同性的危害，也为自己创造了一个观点多样的环境。

1998 年 MBA 毕业的托尼·詹现在是风险投资公司母球公司的 CEO，他有思想，有远见，也有谋略。托尼·詹之前想要成立一家互联网服务咨询公司，并想要寻找创业伙伴。有一个人他是完全不会考虑的，这个人就是托尼·詹入学时商学院给他安排的课程伙伴。托尼·詹解释道："在课上，我对这位同学的表现十分反感，甚至是发自内心地讨厌。因为无论主题是什么，他都能说到市场运营上。如果课程关于策略，他总会谈到市场运营或运营过程。如果课程关于营销，他会说'公司成功是因为它的营销过程……'他说起话来咋咋呼呼的，我真想让他闭嘴！"

然而，托尼·詹的朋友和顾问都强烈建议他考虑他的这位同学，因为这位同学的运营天分正好与詹的优势互补。托尼·詹听取了身边人的意见，充分认识到在创业时只找自己喜欢的人是多么危险，并意识到这样的认知偏见危害无穷。他告诉我："谢天谢地，我听取了身边人的意见，因为这位同学是我们团队的完美人选。"托尼·詹放下了对这位同学本能的讨厌情绪，他慢慢意识到，"这位同学极度善良，他对公司的价值及忠心都无可挑剔"。最后，托尼·詹和这位创业伙伴为他们的公司泽费尔（后来这家公司被收购了）筹集的资金超过 1 亿美元。

企业家是如何成功避免趋同的呢？我们又怎样做到这一点呢？首要的步骤是采取一套简单的互补解决方案。

采用检查清单与核查机制

音乐家蒂姆·韦斯特格伦有几年过得郁郁寡欢，因为他无法找到自己的忠实听众："在音乐创作上，我感觉这是伟大的艺术，但是说到职业发展，我就十分沮丧。那几年，我开着面包车跑遍了西海岸，挤在朋友的地下室里，默默无闻。一连好多年，都没有什么演出。"当时有一些问题一直困扰着蒂姆，比如在发布新专辑后，音乐人如何才能找到品位相同的粉丝？粉丝如何才能发现他们原本不知道的新音乐？韦斯特格伦有了一个想法，这个想法最终促成了他的音乐基因组计划："我早已习惯了把音乐品位看成一种属性。有位电影导演会与我分享他喜欢的歌曲，于是我会分析出这些歌曲的属性，之后回到我的工作室，将其转化为有相似属性的歌曲。我制作了一款应用软件，把脑海中的这个过程'装进去'，于是这个软件可以向用户智能推荐他们可能喜欢的音乐。"最终，他决定创办一家公司，通过技术手段建立"音乐基因组"，向粉丝推荐符合其喜好的音乐。[13]

在这个阶段，韦斯特格伦自然而然地想到了寻求其他音乐人的帮助——和朋友交谈，找几个对这个计划有兴趣的朋友，然后组建团队。确实，很多创业者都会这么做。但是正如前文提到的那样，这样的团队会遇到很多困难，例如能力重叠、思维漏洞。举个例子，在这些音乐家合伙人中，有人会研发技术或运营公司吗？

韦斯特格伦没有这么做，而是组建了一个团队。他组建的团队具备了创办网络音乐公司所需的三个关键领域：网络部分需要精通技术的人，音乐部分需要音乐及音乐产业方面的专家，公司运营部分需要交给有商业背景的CEO。找音乐专家很容易，韦斯特格伦本人就是。在进行下一步时，韦斯特格伦没有依赖更强大、更紧密的关系网，虽然这是我们第一时间想要利用的关系网，但是这个关系网会将我们置于更大的趋同性危害之中。所以韦斯特格伦跨出了原有的关系网，转而运用"弱关系的力量"。[14] 在找CEO时，韦斯特格伦扩大了自己的关系网，找到了他妻子的朋友的丈夫乔恩·克拉夫特。克拉夫特曾在一家颇有名气的风投公司支持下，建立了一家初创公司并担任该公司的CEO，最后该公司被卖给了一家大公司。最后的职位需要技术专家，于是韦斯特格伦找到了他朋友的朋友——威尔·格拉泽。他是位优秀的工程师，也是位经验丰富的创业者。如果韦斯特格伦当时向趋同性屈服从而找了与自己相似的人，那么他建立起来的团队基础定然脆弱到不堪一击。[15]

无论是在工作项目组还是在生活中，抵抗趋同性这股强大力量的最有效方式之一是直接使用检查清单，这与阿图·葛文德所推广的清单用法截然不同。[16] 像韦斯特格伦那样，首先列出高效完成任务最需要的能力清单。如果初始列表很长，那么你要找出重中之重，让自己把注意力集中在最重要的事项上。如果这是一个长期的项目，那么你可以将复选框放到不同的时间范围里，如现在或6个月后，看看哪些能力你已经具备。对于那些你不具备的能力，尤其是那些现在需要或近期需要的能力，你应该想想如何才能找到拥有相应能力的人（或者认识他们的人），以及如何才能把他们招进团队。在目标达成之后，你要在相应的框内打钩，不可以重复打钩（重复打钩意味着团队可能面临着能力重叠的风险），并且你要保证列为重点的框都要打上钩（换句话说，团队中不存在能力漏洞）。

几年前，我正协助建立一所男子高中（见第二章）。在这一过程中，我注意到，制定学校教学宗旨和策略的家长的工作背景相似（尽管他们都是各行各业的专业人员，但大多数家长有商业背景或者从事医疗保险工作）且宗教信仰相同（他们都信仰正统犹太教）。在建立学校董事会时，我们意识到，如果把目光局限在原来的团队中，趋同性可能会使我们陷入困境。于是，我们列了一张清单，写下我们对董事会成员需要具备的能力的期待：董事会成员应拥有各方面的专业知识，包括管理、预算、建筑、债务融资、筹集资金、教育及组织活动。其中有三个职位我们在家长中找到了合适的人选。接下来，我们在脑海中搜索剩下职位的合适人选，一般情况下，要跨过两个或三个关系网才能找到合适的人。于是在这个过程中，我们认识了另外一些有价值的新朋友，避开了漏洞（例如，对于学校选址和建楼，建筑知识必不可少）以及拥抱多样化（例如，招募非正统犹太教的专业人员），避免技能重叠。

另外，有一种做法可以最大限度地发挥检查清单的作用，就是把他人及其观点纳入决策过程：建立定期的核查机制。在第五章中我们介绍了投资效益下降的原因是风险资本家掉入趋同陷阱，和与自己相似的人合作。风险资本家的相似点越多，他们的投资效益就越差。主要原因是风险资本家墨守成规，并且想法一致，这就让他们的决策一团糟。[17]在做决定时，这些风险资本家没有充分考虑心仪选项的缺陷，并且忽视了其他专业人士的意见。为了能与相似的投资者合作，他们也降低了预期回报门槛（风险资本家预测能得到的收益有多高），以及尽职调查的标准（风险资本家应在投资前仔细检查每个投资项目）。

大的风投公司充分了解这些风险，并设计了一套正式的程序以减少其对公司效益的影响。这些风投公司确保没有人能擅自决定进行投资。例如，通常情况下，公司每周一早上有例会，开会的目的是讨论项目以及决定是否投资。[18]通过这样的会议，在与投资伙伴确立合作关系前，投资者能有机会仔细审查项目。为了进一步抵制尽职调查标准的降低，有些公司要求详细列出投资中可能会遭遇的骗局，尽早把最大的投资风险摆在项目支持者眼前。

核查机制适用于所有商业决策制定过程。在公司做决策时，"决策支持者"打头阵，其他人跟着发表意见，找出可能存在的认识偏差，以及确保"决策支持者"仔细考虑了所有的重要因素。在家庭生活中，这样的核查机制同样能帮助我们。举个例子，有位家庭成员花了很长时间费尽力气做一件事，例如制订年假出行计划或找新房，这时他的某些决定或许会欠缺考虑。于是，伴侣、家庭成员或者朋友可以帮忙查看事情的进展，以及过程是否顺利，或者提出替代方案。

　　检查清单让我们明确需要做的事情，而核查机制让我们充分考虑他人意见，以避开相似的合作者可能带来的风险。通过以上两种方法，我们能抵制与兼容的合作者相处时产生的舒适感。最成功的企业家知道，我们应欢迎冲突，因为这会带来更大的生产力。换句话说，我们必须主动寻找让自己脾气暴躁的人。

生气是件好事

　　爱生气可不容易。例如，之前提到的南加利福尼亚大学组织午餐活动的目的是解放我们的思维。但是在那样的环境下，我们很多人都习惯保持礼貌。真正交换意见才算学习，但通常情况下，午餐的气氛不会紧张到大家真刀真枪地交换意见。在必要时，我们可以学习企业家的直言不讳。史蒂夫·乔布斯曾力劝约翰·斯卡利离开百事公司，来苹果公司做CEO，但是斯卡利拒绝了这份邀请。于是乔布斯直接把一个坦诚的问题抛了出去："你是想一辈子卖糖水，还是想改变世界？"[19]最终，乔布斯的直言不讳让斯卡利恍然大悟，于是他打破了原有的思维与惰性，乔布斯也找到了心仪的CEO，至少在那时候是。

　　最高效的企业家都知道，寻找合作者最主要的目的就是提高公司业绩，而不是让公司其乐融融。理查德·哈克曼和同事开展了一项关于专业交响乐团的研究。他们发现，乐队成员之间的关系与乐队的整体表现有轻微的负相关关系。[20]成员之间的关系不融洽，乐队的整体表现反而会好些。冲突让人不愉快，但它促使成员相互学习，也能提高乐队的创造力。

在充分意识到这一点后，优秀的企业家会追求观点多样，而非气氛融洽。从短期来看，这会带来失望和沮丧，而从长期来看，这让公司受益匪浅。当面对员工时，他们会问自己：我讨厌这个人是因为性格不合还是观点不同？还记得托尼·詹的例子吗？托尼·詹刚开始很讨厌他同学的处世方式，但之后他克服了这样的想法，将这个重要人物纳入公司团队。相反地，企业家也会问：对公司而言，我喜欢的这个员工是独特且有价值的吗？或者他是多余且无关紧要的员工，我招他进来仅是因为我们两人有相似之处？

我们常被相似的人吸引，其中一个原因就是我们害怕与他人产生冲突，而且担心那些与我们截然不同的人会给自己造成伤害。然而，从长远来看，短期内避免与不同的人相处其实会给我们带来困难与麻烦。相反，我们必须学会处理有难度的沟通情况，把这些对话变成有效的对话。[21]

"善"战与出丑

我的校友杰西卡·阿尔特是企业家联络平台"约会创业者"

的CEO，她向即将与他人合作创业的人提出了一个问题："你们之间的争吵是否会迅速升级，之后双方情绪失控？"阿尔特发现，合伙人生气的时间越长，他们彼此之间的怨恨就会越多，重大决策就会越往后延。[22] 对发展迅速的初创公司来说，内部斗争会彻底摧毁公司员工间的交流，进而彻底击垮公司。

如果这听起来像是婚姻建议而不是商业建议，那是因为无论是企业还是人际关系，冲突都是不可避免的。无论是在婚姻中还是初创企业中，日常琐事都会引发双方长期的怨恨，进而吞噬信任。在一家初创公司，共用秘书的办公地点引发了两位创始人的争吵。在另外一家初创公司，在确定公司商标的过程中，创始人意见不一，这引发了两人之间的矛盾。这就是为什么效率高的企业家都会在创业早期就提出棘手的问题。我有位学生曾经说过一段让我至今难忘的话，他说他听过最好的约会建议是"尽早出丑"。如果对方见过你最差的一面却依然爱你，那么你们俩可以天长地久。

效率高的创业者也知道要学会"善"战。他们都知道避免"四骑士"，即批评、防御、蔑视和筑墙。这"四骑士"是婚姻失败的原因，是由现代婚姻咨询的先驱之一约翰·戈特曼提出的。"四骑士"对离婚的预测准确性超过90%[23]，效率高的企业家通过充分理解"四骑士"，可以学会处理高难度的对话，利用异见，而不是害怕、逃避。

批评对方是夫妻在面对冲突时的首选策略。他们针对的不是行为本身（"你就不能收一下盘子吗？"），而是对方的人格（"你真懒！"）。下一个就是防御，我们在工作和生活中都遇见过这种行为。当绩效评估或我们的伴侣指出我们的错误时，我们的反应是屏蔽对方所说的话。"你迟到了"这句话得到的反应往往是"这又不是我的错"。下一个"骑士"是蔑视伴侣，这种行为极有可能会导致婚姻破裂。蔑视伴侣的例子有很多，其中包括在一方发表意见时，另外一方不屑一顾、冷嘲热讽，甚至用幽默来贬低伴侣，或者发表明显带有蔑视的言论，例如"你笨死了"。最后，筑墙也称为不予理会，这是指当一方说话时，另一方既不吭声，也不点头，没有做出任何反应来告诉对方他正在听。"四骑士"是婚姻破裂的早期征兆，平均来说，它们出现在结婚后 5 年半内。[24]

对解决冲突而言，逼着自己听取他人意见至关重要。这虽是老生常谈，但举足轻重。我们大多数人都不能站在他人的角度看问题。在训练中，我给学生分配了不同的角色，让他们作为不同类型的创业者就股权分配问题进行协商。在这期间，我发现"商业型"创业者不能理解"技术型"创业者的意见，反之亦然。"商业型"创业者常常会尖酸刻薄地反对"技术型"创业者的意见："你这个项目注定失败！""技术型"创业者会回击："这个团队里就数你的工作最轻松！"而这仅仅是一个随机分配角色的模拟练习。

　　第四章中提到的奥卡姆公司的创业团队采取的股权分配方法具有反脆弱性，值得我们借鉴。在股权分配问题上达成一致需要联合创始人之间进行难度极高的对话。奥卡姆的联合创始人吉姆·特里安迪弗洛已经决定在公司全职工作，但是没有肯·布罗斯的创意就没有奥卡姆。特里安迪弗洛承认布罗斯在团队里是"真正的企业家"。按照原计划，布罗斯应担任公司的首席运营官，但是特里安迪弗洛认为布罗斯不能全心全意地在奥卡姆公司工作。他这样认为的第一个理由是，布罗斯很喜欢专业服务公司毕马威会计师事务所的工作（和稳定的薪水）。第二，在他们讨论商业计划时，布罗斯有了第一个孩子。特里安迪弗洛说道："我们讨论计划的时候，布罗斯就去冲奶粉、换尿布了。"特里安迪弗洛设身处地地想了想布罗斯的处境，认为布罗斯可能不想在建立家庭的同时背上创业的重担。[25]

　　在创业团队制订不可撤销的计划前，特里安迪弗洛提出了布罗斯是否会加入公司这一敏感问题。在布罗斯宣布自己可能不会加入公司后，特里安迪弗洛说道："老实说，这让我有点儿生气。"然而，他想避免争吵，于是他克制自己，不让戈特曼的"批评"骑士毁了他们之间的关系。最后，这几位企业家精心拟定了一份股权划分合同，这份合同使得公司的致命弱点变成强大基石。之后布罗斯投资了奥卡姆，帮助其渡过创业之初的财政危机。特里安迪弗洛说道："我们还是朋友，我们的家人也会一起出去度假。"[26]

对创业者来说，了解他人的观点必不可少。不可否认的是，这一点对奥卡姆公司来说是关乎生死的大事。在路演前，最优秀的创业者会站在投资者的立场上评价自己的演示文稿。当打算雇用在大公司工作的首席技术官时，优秀的创业者会去了解这位首席技术官想怎样通过初创公司创造更大的影响力。

有些夫妻在婚姻中能避免"四骑士"，在冲突中能保持公平公正，戈特曼把他们称为"婚姻大师"。这些夫妻能营造一种赏识文化，其中包括"尊重、感激、喜欢、友好和明辨是非"。戈特曼认为这是一种可以培养的习惯。这些被称为"婚姻大师"的夫妻也会产生冲突，然而即使他们经常争吵，他们仍把对方视为好朋友。[27]戈特曼说道："当这些婚姻大师谈论重要的事情时，他们可能会争论，但是也会嬉戏打闹，这表明他们相互喜欢，因为他们之间有感情联系。"[28]

被称为"婚姻大师"的夫妻之间的积极与消极的互动比是5∶1。低于这一比例的夫妻会增加离婚的概率。常见的积极互动包括微笑或温暖的拥抱，这能有效缓和强烈消极的行为。经常打架的夫妻也能是婚姻大师，前提是在婚姻中，他们的积极互动是消极的5倍。[29]

婚姻大师有很多，像特里安迪弗洛那样的创业者也有很多，他们能把握与联合创始人、投资者以及其他股东关系的微妙之处。像婚姻大师那样，他们不仅避免批评他人以及做出其他负面情绪行为，还营造了尊重和欣赏的良好氛围。其中有些人成功地避开雷区：拉家人入股，在文化压力下划分职责，以及平均分配责任奖赏。但在下一章中我们将看见，这不仅是创业者面临的最危险的雷区，也是我们的雷区。

第七章

你是在玩火，还是在过度强调平等

随着本书的不断推进，你可能已经注意到，在讨论生活挑战和可用于解决生活挑战的创始人智慧时，我们经历了一个逐渐发展的过程。在讨论卡罗琳和阿希尔的故事时，我的建议是趋于黑白分明的：不要让心理手铐渐渐阻碍你实现梦想。如果你对于改变的热情过于强烈，你需要控制自己改变的冲动。我向读者说明，畏惧失败或不为成功做计划是错误的。

随着本书推进到更细微的问题，比如说依赖思维定式，清晰的界限便不可避免地开始变得模糊，黑白开始褪色。我们的心理模式可能会限制我们，但也能带来许多益处。我们与和自己相似的人的关系也是如此。

现在，我们来到一对更为细微的挑战面前。随着问题的进一步细化，争议也随之而来。

首先，不论何时，如果我们新开始一项需要牢固基础的风险活动，不论是搬东西走人、换新工作、参与创新性项目，或者种种其他，经常会有一种强引力吸引着我们，让我们拉亲朋好友入伙。屈服于这种吸引力是一个好主意吗？"好主意。"有人会这样说，特别是那些已经拉亲朋好友入伙的人。"视情况而定。"其他人会这样回答。的确如此，但如果我们将"看情况"当作不做判断的理由，这将是十分危险的。这之所以危险，可能是因为我们存有侥幸心理，会认为自己可以险中求胜，也可能是因为我们很难定义什么叫"看情况"，在什么情况下可以拉亲朋好友入伙。可惜，如本章所阐释的，关于是否应拉亲朋好友入伙这个问题，其答案通常不是我们期望的，我们如果不做判断很可能会产生问题。但幸好，只要我们勇敢地面对风险，对于屈服于吸引力而产生的种种挑战，我们是有解决方法的。

其次，很多文化环境都强调关系、角色和奖励严格平等，我们很多人都生活在这样的文化环境中。绝对平等是个好主意吗？人们对这个问题有着很深的感触。我们将探究是什么让绝对平等成为一种有问题的决策方式，并看看我们应采取哪些行动来抵制平等的吸引力。

本章，我们将把黑白远远抛在身后，走入灰色地带。

玩火

我们有许多亲近的人，他们在我们的生活中占有很大比重——父母、兄弟姐妹、儿女、叔叔、阿姨、堂表兄弟姐妹、儿时伙伴、大学同学、战友以及其他诸多朋友。他们可能会给我们带来各自的麻烦，但他们十分了解我们，而且毫无疑问，他们中的许多人都曾帮助我们摆脱困境，所以我们倾向于和他们一起工作、为他们工作或雇他们工作，这似乎也是合情合理的。与亲朋好友合作的诱惑有时是难以拒绝的。

宝来是得克萨斯州的一家医疗实验室服务公司，它很好地说明了与家庭成员合作的美好希望与实际情况的差距。宝来的创始人在 45 岁那年打高尔夫球时突发心脏病去世，后来希拉里·马洛成为宝来的 CEO。随着公司的发展，马洛告诉我说："我已经处理不过来自己的事了，但我们没钱请高级人才。"[1]

马洛的丈夫曾经是某家著名咨询公司的高绩效合伙人，但已经决定要离职。于是，马洛把丈夫拉进了宝来公司，让他帮忙。这似乎是个非常合适的时机。"我知道他真的很聪明，他能够为公司提供许多有用的知识，他在原来的公司积累了丰富的经验，能够处理不同的情形。他能够推动项目进展，全面改革公司，帮助改善公司的各个方面……我相信我们能够成为团队。"让丈夫参与公司事务也能帮助夫妻二人同步工作和生活节奏。"我们有两个孩子，我丈夫经常出差。我觉得这是个非常棒的伙伴关系——丈夫再也不用出差了，我们也能一起合作，解决孩子接送和工作分工的问题。"他们决定成为"夫妻企业家"——在同一家企业工作的配偶或情侣。

在开始的几个月里，马洛的丈夫加强了公司的财务纪律，并最终坐上了CFO的位子。但是，团队内开始出现紧张情绪，宝来的首次年度亏损又进一步加剧了紧张态势。马洛表示："随着工作压力的增加，工作也跟着我们回家了。原来我们在家谈论的都是轻松愉悦的话题，现在都变成了工作上的事情，压力很大……我丈夫最喜欢说的一句话变成了'我为我的妻子工作，一周7天，每天24小时'。"

马洛很快就意识到，她从未真正见过丈夫工作的样子。她的丈夫工作时的性格和在家时的性格截然不同。马洛担心和丈夫在工作上的分歧会影响家庭生活，于是便不再想办法解决工作分歧："我不再和他对抗了，因为我不想让婚姻出现问题。我对工作上的争吵感到担忧，因为我知道，这些工作上的矛盾会跟我们回家，然后我们会在家里继续争吵。"她反思道："你晚上回到家，看着对方，心里还想着工作上的冲突。尽管你尽力搁置工作分歧，但你还是忍不住去看那个才和你发生过矛盾的人。"

在接下来的几个星期里，他们夫妻交流日渐紧张，公司效益日渐下降。"我们不再是团队了，我们不再像以前那样开汇报会议。到了最后关头，我早已不再过问财务，而是全交由他管理。我应该敦促自己过问财务的，但我想冷静下来，想维护我们仅剩的那点儿夫妻感情，所以我不想把他逼得太紧。"

马洛的确应该去过问财务，因为 2007 年的时候她的会计师来屯，告诉她宝来已经亏损了 130 万美元，处于破产的边缘。"我曾经真的相信我们永远不会走到那个关头，"马洛说，"但最终还是来了，'是因为我不愿意开除我的丈夫，公司才会破产吗'？那么，我的决定是'好吧，我们现在就开除他'。"

共同工作时的情感不和以及解雇丈夫时的不悦从工作领域扩散到了他们的私人生活中。在开除丈夫不久后，马洛便提出了离婚申请。尽管她的丈夫本可以为公司带来更大价值，但拉丈夫入伙的毁灭性影响已经抹消了这些价值。没过几年，公司又重新开始盈利，但他们的婚姻已经结束了。的确，家庭企业研究员吉布·戴尔和他的同事在调查了 71 家公司后发现，尽管这些公司的所有人兼管理者都拉配偶入伙了，但公司的运行并没有得到改善，这些管理者甚至不太可能接受他们配偶的意见，而他们的配偶通常会在一两年内离开公司。[2]（讽刺的是，戴尔的儿子就是戴尔此项研究的合著者。）

让我们最了解的人加入自己的公司，这似乎理所当然，在我们缺少时间和资金去搜索外部人际网络的时候尤其如此。在商界，家族企业是受人喜爱的。但我们不应被此蒙蔽了双眼，我们要知道，我们听到的通常都是成功的杰出企业家，然而更多的企业家是失败的，而且他们的失败通常会被其他人掩藏起来（这也可以理解）。

我的数据显示，与家庭成员或挚友进行专业合作对企业家来说是最具风险的举措之一。我在绘制创业团队稳定性图表的时候，绘制了有社会联系参与（朋友和家人）和无社会联系参与的两类图表，并且发现了这个问题。在最初的蜜月期，二者的数据线彼此相差不大，但等蜜月期过后，两条数据线的走向出现了明显的分歧，有社会联系参与的团队在稳定性上差了许多。团队中每增加一种私人关系，合伙人离队的概率就会增加 28.6%[3]，这对一个团队来说不是什么好迹象，尤其对那些由朋友组成、看重凝聚力的团队来说，这不是一个好兆头。

最让人吃惊的是，我们都以为拉认识的人入伙能够带来好处，但实际上，由社会联系组成的团队甚至还不如陌生人或泛泛之交组成的团队稳定。很明显，在和亲密的人合作时，我们是从负面领域起步的，我们首先需要解决个人关系的负面影响，而在与陌生人或泛泛之交合作时，我们是从零起步的。

我们都喜欢拉亲朋好友入伙，但这通常不会持久。

我们许多人都见过或听过这种危险的例子。我曾经让未来的企业家投票决定由亲朋好友组成的团队与其他团队相比是更稳定还是更不稳定，选择不稳定的人总是远远超过其他人。所以，在极具潜力的初创公司中，我们应该很难看到由社会联系组成的团队，对吗？尤其是考虑到这些团队要应对复杂和千变万化的市场，考虑到合伙人能够获得组建团队方面的专业指导，由亲朋好友组成的团队应该很少见，对吗？然而不对。我的数据显示，在高科技和生命科学初创企业中，很多团队的合伙人在共同创业前就已经有了私下的交情，这样的团队占 43%，此外合伙人彼此是亲戚的团队占 12%。[4] 换言之，尽管创业者熟知拉亲朋好友入伙的风险，但有一半以上的创始团队无法抵抗利用亲朋好友的吸引力。（当然，在家族企业和小型企业中，这类团队的比重更大。[5]）

当拉亲朋好友入伙时，我们是在玩火。铁匠的火能够锻造金属工具，而我们希望与亲朋好友的合作能像铁匠的火一样帮我们锻造一个强大的团队。但是，在玩火的时候，你也可能会被烧伤，就像希拉里·马洛那样。一旦建立了牢固的工作关系，我们和同事就能走得更近，但这和拉亲朋好友入伙是有很大区别的。如约翰·D.洛克菲勒所言："在生意上建立的友谊可能是辉煌的，但在友谊上建立的生意可能就是谋杀。"[6]

马洛的经历就强调了拉亲朋好友入伙的四大危险：亲戚的举措可能会出乎我们意料；我们通常不会审查自己所爱之人；我们经常逃避和亲近的人进行困难的交流；不论是家庭还是工作，一

个领域的损害容易扩散到另一个领域。现在让我们逐一分析这些
危险。

出乎意料。人们基于在家的经验，假设他们了解某个家庭成
员或朋友的工作方式。然而人们在不同的领域有着不同的做法。
比如，斯坦福大学研究员彼得·贝尔米和杰弗里·普费弗在研究
中发现，人们在组织背景下（作为同事）对自己的看法比在其他
平行的个人背景下（作为朋友或熟人）得到的回报要少。换言之，
与在个人生活中相比，人们在工作中更不愿意为他人提供帮助。[7]
我们不能指望自己在某个场景中得到的帮助能映射到下一个场景，
但很多人通常无法意识到这一点。

审查失败。当考虑和陌生人合作时，你很可能会睁大眼睛，
小心翼翼地前行，留意每一个不协调的迹象，评估他人的水平是
否足以完成任务，并且如果情况不理想也愿意放弃和他人的合作。
但是，当我们认为自己非常了解别人时，我们的做法会大不一样，
我们会默认他们有足够的能力与自己相容，甚至从不考虑放弃合
作。我们不做基础审查就盲目地投入合作。不过实际点儿说，与
关系网络中可以利用的人相比，你的亲朋好友是某个职位的最佳
人选的概率有多大？

谈论困难的问题。我们很多人都难以就困难的问题和亲近的
人进行交流，因为我们在交流时容易情绪激动，同时还要面对
许多不确定性。[8]我们浪漫地认为夫妻共同工作是一种理想情景，

能帮助我们把家庭和工作完美地结合在一起，两人能朝着共同的目标、梦想和理想努力。然而，对我们中的许多人来说，在与亲近的人共同工作时的交流会给我们带来极大的压力，通常导致我们刻意逃避此类对话。我们不愿表达负面信息，害怕提出敏感话题而带来负面结果，也不想让家庭成员失望。[9]我们一直逃避这种对话，直到无法继续拖延，或者真正伤害了我们的关系，才不得不面对。此时，问题越棘手，我们在讨论时越会使用消极词汇，这会在交流中注入批评、蔑视和防御，并降低对双方关系的满意度。[10]

这种避免困难交流的模式出现在人际关系的早期。信用报告公司益百利调查了 1 002 对 2015 年结婚的美国夫妇。调查发现，这些夫妇有着共同点，他们在财务问题的交流中都曾遇到过困难。即便大多数的参与者都认可"在结婚前，我考虑到了配偶的信用评分对财务的影响"这种说法，他们也没有和配偶就财务问题实际交流过。33% 的新婚夫妇表示他们对配偶的财务状况感到震惊，36% 的新婚夫妇对配偶的消费习惯一无所知，40% 的新婚夫妇在结婚前并不知道配偶的信用评分，25% 的新婚夫妇不知道对方的年收入，39% 的新婚夫妇已经因为信用评分遭受了额外的婚姻压力。[11]

扩散的后果。如果一个领域内的关系变得紧张，除非能得到有效解决，不然这种紧张关系很可能损害其他领域，就像希拉里·马洛那样。心理学家琳达·德热和乔治·洛温斯坦研究了近1 000个向朋友提供私人借款的案例——将商业交易和私人生活混为一谈。两位心理学家发现，他们的借款通常是非正式的，借款人的实际还款额并没有他们印象中的那么多，"而且借款人通常无法意识到他们拖欠还款会给放款人带来消极情绪和负面看法"。[12] 结果是，这些借款，尤其是没法及时还清的借款，会对好友间的个人关系造成毁灭性的影响。

这种后果的影响可能是十分深远的。卡内基-梅隆大学的社会关系网络研究员戴维·克拉克哈特发现，人际关系在某一领域发生意料之外的改变（彼此在工作上不和）可能会在其他领域导致反弹（家庭内的争吵）。[13] 我们害怕对其他关系造成伤害，这导致我们推迟对于困难问题的交流，直到其产生真正的伤害。我们有两个领域可能产生紧张关系，比如社会领域和工作领域，这一事实也会增加我们遇到问题的概率，同时增加其影响恶化的概率。

我经常在个人领域和工作领域感受到这种紧张关系。一年夏天，我的一个女儿在我这里实习。每当她在我身边时，我就感到自己与同事和员工的交流更不自然。我担心她在办公室对我的态度会影响她在家对我的态度，我担心我与员工的交流会变得不清楚，因为她的存在会影响我对待员工的方式。此外，要是她在一项具有挑战性的新项目上没有达到目标，需要一些建设性的批评来改进，我该怎么办？我能批评她吗？我觉得我做不到。而且我也十分确定她不会把我的指导当作建设性的批评。我想，也许我应该发起一项新运动：你敢带你的女儿去上班吗？

企业家清楚拉朋友和家人入伙的风险。准确地说，他们"了解"这种风险，他们很快就能识别出这些风险。还记得我在向企业家提问由亲朋好友组成的团队的稳定性时，有那么多人都举手认为不稳定。更重要的是，企业家知晓那些轰动一时的反面案例，比如古驰家族的故事。古驰的故事颇具莎士比亚风格，意大利设计师古琦欧·古驰从前是名洗碗工，后于1921年创办了古驰品牌，成为企业家。20世纪50年代末和60年代，公众看到杰奎琳·肯尼迪和伊丽莎白·泰勒都在照片中穿着古驰的产品，于是古驰迅速走红，成为时尚界的巨头。1953年古琦欧去世后，公司的所有权被平分给了他的三个儿子，其中一个儿子后来也去世了，于是公司被划分给了奥尔多和鲁道夫，其他要求决策话语权的声音被打压了下去。奥尔多的儿子保罗曾尝试在古驰内部创造自己的品牌并让产业现代化，但他后来被开除了。[14]保罗则把公司的财务信息泄露了出去，使得奥尔多因为偷税被捕入狱。

奥尔多和鲁道夫去世后，他们的后代开始争夺权力，公司的效益也因此受损。家族成员开始寻求私人股本公司的援助。一位投资者在见过古驰的子孙后惊讶地表示："他自己的亲戚正在起诉他，他的股份被扣押了，他甚至已经失去控制权了！他和亲戚的内斗已经弄得世人皆知。"[15] 后来，一位投资者以极大的折扣买下了古驰公司，并重新对其进行整顿，把家族成员从要职上撤下。在此之后，古驰品牌才恢复了行业巨头的地位。

当我提到企业家了解风险时，我在"了解"两字上加了引号，因为我的研究显示，许多企业家尽管了解风险，但仍然会和亲近的人一同工作。因此，对我们来说，找到企业家在玩火时设置的防火墙就显得更为重要了。

思 考

- -

- 你小时候看到父母工作的样子，比如说母亲的"带孩子上班日"，你是否注意到她在工作上表现得和在家里不一样？

  - 母亲在职场中对待下属的方式和她对待孩子、丈夫、兄弟姐妹的方式一样吗？

- 你在工作上和生活上表现得不一样吗？你在工作上更自信还是更畏缩？更愿意还是更不愿意原谅错误？

我并不是在淡化和亲朋好友工作可能带来的好处。家人对我来说是最重要的。正因为我们重视亲朋好友，在和他们合作时确保不会玩火自焚才更为重要。的确，本书的写作目的之一就是帮助你减少艰难的决定、变化和动态的压力，从而帮助你强化与直系亲属的联系。当然，有很多家庭团队成功的例子。当拉朋友或亲人入伙时，在我们努力的过程中，我们都希望自己能够成为例外。可惜，我们更可能通过亲身经历看到为什么那些案例都只是例外。

希拉里·马洛的故事已经成为让家人参与其事业的警世故事之一。但是，尽管她和丈夫的婚姻崩溃了，她还是在宝来公司为她的母亲找到了一个职位。她的母亲当了30年的牙科卫生员，已经筋疲力尽了，希望能够换一份工作。在第八章我们将会讨论，对于自己的母亲，马洛换了一种管理方式，和她之前安排丈夫的方法有着非常大的不同，而且更行之有效。

我们和马洛一样，都喜欢与我们关心的人分享我们的巅峰体验。其实，这种和他人分享的动力在一定程度上导致了我们偏向平等主义，这种偏见经常会阻碍企业家，也会阻碍普通人。

过度强调平等

每个人都寻求公平的对待，这是一定的。但公平存在一个问题：我们对公平的认知是非常主观的。每个人对公平都有不同的定义，这些定义也会随着时间的推移而改变。所以我们就会搜寻易于衡量公平的客观标准。我们经常选择的标准便是平等。我们会寻找奖赏的差异或责任的差异，如果没有差异，那便是平等，而我们相信平等就是公平。

举个例子，假设我有一个同事，他的水平和我差不多，那我便期望我们能得到相等的工资和福利。在衡量雇主公平性的时候，我不会特别在意工资的具体数目，而是看重我和同事的工资差异。如果差异是零，那我就很满意。

平等一次又一次地变成了公平的代名词。这种替代从我们的孩童时代开始就在不断强化。你可以回忆一下自己4岁时参加生日派对的情景。你看到餐盘上还剩着一块诱人的纸杯蛋糕，但另外一个孩子也想要。也许你会一把夺过蛋糕，也许你的朋友会抢先一步。于是你们其中一个人号啕大哭，抱怨不公。很快，大人就介入了，然后又是老生常谈：平等分享是最好的。某人把蛋糕分成了两半，你们人手一半，问题解决了。等你们变得更成熟一些，如果没有大人在场的话，你们会让一个人负责把蛋糕切成两半，而另一个人可以优先选择。这真是太平等了！纸杯蛋糕很快就会被忘了，但关于分享的经验会在你年轻时不断得到强化，直到它成为思维定式中最有影响力的部分，成为你不容置疑的设想或观点。

社会和学校坚持把平等作为公平的指标，我们的思维定式也随之不断强化。例如，学校有着核心课程和最低水平标准，借此消除教育的不一致，并确保所有学生都能学到同样的内容。

这种逻辑一直都存在明显的脱节——教师意识到，学生的才能因人而异，给他们布置同等难度的作业是没有道理的。教练不会给球员同等的比赛时间；合唱团不会让每个成员都上台独唱。然而，平等仍然和公平紧紧地联系在一起，我们仍然视其为理想状态，并尝试将平等运用到生活的各个方面。在我们与同事组成的委员会中，或者在我们课外活动中，平等的吸引力是非常强大的。我们倾向于说："我们是一个团体，如果我们平等参与，每个决策都会变得更好。"这就是一人一票的原则，这就是公平。

企业家经常会感受到平等的吸引力。许多企业家把"人人为我，我为人人"作为他们的至理名言，并尝试建立平等的团队。他们团队中的合伙人都会得到"首席"头衔，他们每个人都是"首席××官"。首席执行官的权力本应比其他"首席"的权力要大，但即便在拥有首席执行官的情况下，团队还是会采取集体决策的规则，即"一人一票"，协商决策，或少数服从多数。在这种情况下，所有的合伙人都能参与每一项重大决策。这样的团队很可能采取奖励平等制度，平等划分股权，以强化这种角色平等（回想第六章讨论的"3R"）。

我的创业数据中，40%的创业团队都由两人组成，对这类团队来说，平等的问题尤其严重。[16] 如果两个合伙人有分歧，团队该如何平等地解决1∶1的僵局？同样，已婚夫妇应该如何在不加剧紧张的情况下平等地解决他们自己的 1∶1 僵局？

对那些大公司的领导者来说，平等的吸引力也会产生问题。研究员瑞安·克劳斯、理查德·普里姆和伦纳德·洛夫调查了美国上市公司的管理团队，发现有 71 家企业曾长时间由两人共同担任联合CEO。[17] 这样的安排曾存在于各大公司的高级管理层，例如全食超市、IMAX 和万能卫浴公司。研究人员注意到，部分联合CEO确实是平等的伙伴关系，但其他的联合CEO除了头衔都是相对不平等的。研究人员决定看看这些不同的安排效果如何。

当联合CEO有着同等权力时，公司的表现（在这种情况下，衡量标准为净资产收益率，即ROE）略显消极。联合CEO平分权力的公司陷入了权力的斗争。随着权力差别的增大，公司的表现显著改善，ROE上升到了243%。但如果差异过大，公司表现则又会下降，ROE会降至209%。在极端情况下，极大的权力差异最终会导致猜疑和沟通失败。但即便是极端情况下的不佳表现也明显超过权力平等时的表现。在研究中，研究人员引用了法国管理思维开创者亨利·法约尔的话："无论从生物角度来看，还是从社会角度来看，有两个头的身体都是怪物，它是无法存活的。"[18] 所以，我们最好只有唯一、清晰的头脑，而不是让两个相互矛盾的头脑共享权力。

平等的吸引力在我们的生活中甚至更为强大。如果你在美国结婚并生活，与过去的几十年相比，你更可能需要和配偶分担养家糊口的重担。美国人口普查数据跟踪了传统家庭的数量，即丈夫工作、妻子持家的家庭数量，同时也跟踪了夫妻都工作的平等婚姻的数量。1976—2013 年，二者的比率发生了翻转：传统家庭占家庭总数的比率从 26% 下降到了 17%，而平等婚姻的比率从 17% 上升到了 29%。[19]

在《不是你的问题，是盘子的问题》（*It's Not You, It's the Dishes*）一书中，记者保拉·苏奇曼描绘了埃里克和南希这一对平等的夫妇。"他们会说，'上次的衣服是我洗的，这次该你了'。"他们在厨房里记有很长的家务清单，以保证不会有一方多做工作。当一个人做晚饭时，另一个人也会跟着做。他们的朋友对他们反抗刻板印象的方法大为赞叹，埃里克会使用拖把，南希给埃里克留有很大的空间。[20] 从表面来看，他们是完美的平等夫妻。

但埃里克和南希的故事中有着潜在的隐患：他们并不开心。长长的家务清单在不断地更新，他们需要不断地分配任务。一天晚上，埃里克正在做摩洛哥炖羊肉，他切着洋葱，看到南希正在看电视，他心想："南希平常只会做通心粉和芝士，我为什么要花这么长时间去做这种花里胡哨的饭？"南希喜欢遛狗，而埃里克讨厌追着狗收拾。但南希拒绝每天做这个任务，因为她担心自己的"工作时间"会超过埃里克。他们的交流中充满了这样的矛盾，使得他们对家务的安排越来越不可持续。[21]

　　宾州州立大学的社会学家史黛西·罗杰斯发现，与针对联合CEO的研究结果相似，当夫妻双方收入大致相同时，他们的婚姻稳定性最低。实际上，当夫妻一方的收入占家庭总收入的70%及以上时，离婚率是最低的。当夫妻双方的经济贡献大致相等时，离婚的风险是最高的，此时夫妻承担的共同责任是最弱的。罗杰斯指出，追求平等的夫妻到最后也许会监控谁在家中做了什么事，就像上文中的埃里克和南希一样，这会导致他们定期重新谈判以保持平等，这种无止境的监控会加剧夫妻间的紧张关系。在生活的其他方面，那些经济贡献有差别的夫妻则不需要像这样计较。[22]

　　如同我的学生戴维发现的一样（还记得引言中戴维如何启发了本书的写作吗），在婚姻中，对平等的期望也会阻碍决策。在和新婚妻子的关系中，戴维一直在和平等的吸引力作斗争。他们两人都认为理想的婚姻应该是平等的伙伴关系。他们会轮流做家务，合力制定关键决策。从积极的一面看，当妻子付出的似乎比较多时，戴维便觉得自己需要加紧步伐多做事。但从消极的一面看，当妻子似乎做得比自己少时，或者当两人需要做自己不擅长或不喜欢的家务时，他们都会产生负面情绪。这种平等的方法意味着，与预期相比，他们需要讨论更多的决定，而且每当无法达成一致时，紧张关系就会加剧。

　　有时，追求平等会引发一系列的决定，以确保夫妻中的一方能得到暂时的满足，然后换到另一方，然后又换回来，像钟摆一样往复运动——夫妻从未真正获得过平衡感和平静感。例如，我的学生安吉拉在毕业后决定到纽约工作，而安吉拉的欧裔男友已经在欧洲得到了他梦寐以求的工作，这让她的男友感到为难。为了和女友在一起，这个男生放弃了到手的工作，重新到纽约求职，但他很难找到愿意出钱赞助他出境的公司。他花了将近一年的时间才找到了新工作，与之前放弃的工作相比，这个新岗位不怎么激动人心，但至少还符合他的专业领域，而且能让他和女友在同一个城市工作。

　　由于男友为自己做出了牺牲，安吉拉感到了压力，觉得自己也需要付出回报。安吉拉认为，"当两人的下一个里程碑到来时，男友会期望我做出妥协"。这意味着他们可能要搬家到欧洲或者英国，对她的职业生涯来说，在欧洲求职和工作的条件都不如在纽约理想。

　　我们相信，从长远来看，每个人的付出和贡献最终会持平，即便如此，我们仍很难处理短期的付出与回报的不平衡。一位结婚多年的学生对我说："我和妻子都曾因为家务活越来越不平等而表达自己的不悦。即便有一方辩驳说这是特殊情况导致的，例如'我最近非常忙'，但这也无济于事。当感到不平等的时候，我们会本能地不开心，这是很难抗拒的。"

在创业团队中也会出现类似的问题，每一项创业任务的重要程度都会起伏变化。例如，在线投资人网络"上上下下"是由三个人创立的：商业合伙人迈克尔和格奥尔格，以及技术合伙人普克。这个团队决定平分公司的所有权，由于迈克尔是策划者，所以他多拿了一点儿回报。迈克尔花了好几个星期记录顾客的需求，与此同时，普克却没什么事可做。即便普克的合伙人都理解当前的状况，知道普克在以后必将承担更多的工作，但当看到普克的贡献在减少时，他们还是会抱怨。（由于需要照顾家庭，格奥尔格也没在项目上花太多精力。）迈克尔开始对他的合伙人产生严重的猜疑，他告诉我说："他们的投入和工作量现在就已经和我不在一个水平了！我有点儿担心这是不是正确的团队合作。"这种紧张关系促使迈克尔向他的合伙人们提交了一份针对性的提议，希望能从根本上重新分配他们的股权。迈克尔大大减少了普克的股权比例，也略微减少了格奥尔格的股权比例，由此引发了一场危机，因为普克感到十分失望，并认真考虑过离开公司。而迈克尔发誓，如果不调整股权，他便不会继续工作。

即便夫妻在一开始没有意识到平等在他们的关系中扮演的角色，他们对于持续平等的期望也可能会一直存在，并破坏他们的关系。斯坦福大学的社会学家布鲁克·康罗伊·巴斯发现，许多已婚夫妻都会尝试平分家庭责任，直到他们的第一个孩子出生。[23]这时，女性通常会要求负责抚养孩子，平等的劳动分工也就崩坏了。"强势妈妈"想让她们的孩子得到无微不至的关照，而处于迷茫中的父亲会不情愿地放弃育儿工作。即便"强势妈妈"不断争取更多的控制，她们的不满仍与日俱增，因为父母双方都觉得彼此违反了预期。在产后的 4 个月里，这些母亲都表示对夫妻关系的满意度有所下降，并感到更加消沉。[24]

平等这个话题有着很大的模糊性。不可否认，平分奖励和责任是有益处的，这么做能够提高参与性，能够激励并吸引更优秀的人参与其中。此外，仅仅是知道我们是平等的这种感觉就非常好。一旦我们分摊了账单，分摊了遛狗的杂务，或是分工卖掉了和邻居合伙购买的时好时坏的除雪机，我们便会感觉如释重负，无事一身轻。然而，也如我们所见，追求平等可能会产生与预期相反的影响，同时也更急切地要求我们学会把创业的优秀做法运用到生活当中。

思 考

- 在实践中，你是否曾尝试建立平等的角色、回报或责任？比如，在发起慈善项目、装修房屋或创办乐队时，你和伙伴是否平等分摊了工作？

  - 你对平等的看重是否导致你监控别人的所作所为？这种监控有益吗？还是由此产生了不必要的紧张关系？

- 你是否曾停下脚步扪心自问，自己真正追求的是平等还是公平？
  - 如果是后者，除了绝对平均主义，还有别的方法可以实现公平吗？

第八章

与绝对平均主义抗争，拒绝拉家人朋友入坑

    企业家和公众的关系复杂。一方面，企业家知道公众对于企业家的成功至关重要。没有潜在的买家，就没有初创企业。因此，企业家时刻关注公众的想法。准企业家通常会历时多年来调查大众的需求——客户愿意为哪些服务买单，市场需要何种产品，他们的潜在需求又是什么。

    另一方面，许多企业家对从众心理有着本能的反感。对于大众的想法，他们可能有独到的理解，但这并不意味着他们和大众持有同样的观点、想法和传统思维。事实恰恰相反。本书自始至终都在告诉我们，成功的企业家能够迅速识别并拒绝大众的主流

观点，本章会进一步阐述这一观点。如果说有什么不同的话，那就是逆大众主流观点的企业家总会将其反群体倾向视为自身在创业领域的一大优势。他们和朋友以及家人保持着适度距离，在任务分配、风险分担和回报分享时能够避免绝对的平均主义。

避免使人盲目的关系

当工作关系和私人关系重合，并且两种关系不一致或相矛盾时，我们与亲朋好友的状况最具挑战性。当希拉里·马洛把丈夫拉到宝来公司做自己的下属时，他们的工作关系与现有的夫妻平等关系是不一致的。马洛希望丈夫加入公司后能够对他们的工作和生活有所帮助。然而，不论是有意的还是无意的，她都没有注意到自己承担的风险。马洛不曾预料到丈夫在工作中会表现得和在家里不一样。她避免和丈夫谈论工作上的问题，担心这会伤害他们的婚姻，但当工作上出现问题的时候，她也不曾想办法减少工作问题对个人关系的负面影响。结果，他们离婚了，并且对宝来公司造成了重创。

尽管马洛和丈夫的关系破裂了，但她仍然在宝来为她母亲找了份工作。马洛的母亲做了很长时间的牙科卫生员，希望转行。[1] 让母亲加入公司很可能更危险。她们的母女关系（甚至是亲缘关系）与她们的"雇员—雇主"关系是完全矛盾的。

　　宝来公司不是希拉里·马洛创建的，她只是一名意外登上领导岗位的员工。但在成为CEO后，马洛采取了企业家的思维——宝来还是家年轻的公司，还面临着许多创业早期的不确定因素。好在马洛没有像之前对待丈夫那样对待母亲，而是换了一种方法。通过此举，她降低了玩火自焚的风险。马洛的举措突出展示了几种优秀的做法，这些做法同样能帮助我们避免玩火自焚。

和家人及朋友约会

　　马洛首先雇用母亲做兼职。考虑到母亲处理病历和管理牙科诊所的经验，马洛首先给了母亲一份设备审计员的工作，让母亲拜访客户，审核客户的病人记录，以确保客户的记录和宝来的记录相符。通过一段时间的审核，马洛证实了她的期望——"母亲有责任心，工作经验丰富，平易近人，关心他人，乐于奉献。我可以相信她会做该做的工作。"[2]

　　马洛也能够评估她们的关系是否足以应对工作挑战。马洛坚持要向母亲支付"公平的薪水——这个工作换别人来做也挣这么多钱"。马洛的母亲说："我很失望，因为她知道我想赚更多的钱。我心想，'你认为我不配加薪吗'？但我并没有记恨，也没有让这件事在我内心愈演愈烈。女儿需要公平对待每个人，她不能把我单独挑出来给我多发工资。"马洛和母亲"约会"了一年多，看到了母亲面对失望和处理敏感问题的方法，于是马洛把母亲聘为全职员工。[3]

马洛学到了两个重要的经验。首先，她意识到对家庭成员的审查是很容易松懈的。毕竟，我们已经"认识"自己的亲人了。我们很难怀疑他们或质疑他们，害怕他们会被我们的拒绝伤害。因此，当我们和亲近的人一同工作时，我们会趋于不加审查就进行合作，而不会仔细评估。

其次，马洛意识到，对于早期挑战的忽视可能会在将来产生更严重的问题，所以她对待母亲就如同对待陌生人一样谨慎，同时她也确保自己从聘用母亲开始就直面挑战。

像这样逐步审查家人的不止马洛一个人。在邀请挚友加入团队前，许多高效的企业家都会确保先和他们"约会"，并努力评估他们的兼容性和才能的互补性。加勒特·坎普在旧金山工作的时候，经常半天打不到一辆出租车，后来他在巴黎遭遇暴雪天气，同样还是费了好大劲儿也打不到车。此时，他萌生了一个想法，他想要推行一项基于智能手机的服务，为司机和愿意付费的乘客提供联系的平台。他开始和各种人交流他的想法，其中有 4 个人成了他的智囊团成员，这 4 个人分别是坎普先前创业项目"智能网站推荐"的投资人，一位连续创业者，畅销书《每周工作 4 小时》的作者蒂莫西·费里斯，以及一位名叫特拉维斯·卡兰尼克的新朋友。坎普发现"特拉维斯是最好的头脑风暴伙伴"，并且开始深化他们的关系。[4] 卡兰尼克一开始十分活跃地在公司做顾问，拥有公司 10% 的股份；随后，他成了公司的非正式员工，在公司做兼职；之后，他成了公司团队中的一员，在公司做全职工作；最终，在他的推动下，这个公司成了全球最具价值的初创公司——优步。直到许多年后，他的管理风格变得危险，才被迫离职。对于团队中亲朋好友的工作方式，人们会有自己的设想，而企业家通过这种约会能够看清这种设想会在何时造成出其不意的影响。

此外，为了应对约会过程中可能出现的不良迹象，在提供工作机会时，杰出的企业家会将工作的可逆性最大化。企业家不会让新雇员直接参与工作，而是设立一个有着严格时间限制、明确评价标准和具体脱手计划的项目。例如，企业家可能会制订两个月的评估计划，并且不指望亲朋好友能够在计划结束后继续参与。在潜在的合作中，你都可以采取类似的方法。是否有一些定义明确的子任务能够帮助你推进项目？这些任务有明确的截止日期吗？如果有的话，你可以和亲朋好友在这些子项目上合作，在项目结束时，你们可以共同评估合作的利弊，互相提供反馈意见，看看哪些方面可以改进，并共同决定是否要进行第二次"约会"。在完成子项目后，你们对彼此真正的长处和短处就会有进一步的认识，这比你们仅仅依靠自己不切实际的希望要好很多。如果你需要结束合作，结束得越早痛苦就越少，也许还能避免对个人关系造成不可修复的影响。

例如，你的父母马上要迎来 30 周年结婚纪念日，你和你的兄弟姐妹想要给他们办一个惊喜派对。小女儿急切地想要负责此事，但你们其他人对她的能力缺乏信心，觉得以她的能力不足以统筹酒席承办商、礼堂、鲜花、"这是你们的人生"主题幻灯片、乐队、邀请名单、请帖等。于是，你们共同创建了一个循序渐进的过程，这样你们便可以看到事情在她的领导下会如何发展，而且如果必要的话，你们还可以在策划的早期阶段改变方向。根据计划，小女儿需要从酒席承办商和礼堂那里得到三份报价，与此同时，剩下的子女会着手其他工作，你们计划两周后进行检查。

在核查会议上，为了评估事情的进展情况，你们需要列出在初始阶段遇到的三大意外或三大挑战。你们需要在会上讨论这些问题，钻研如何解决这些挑战，并评估合作是不是利大于弊。例如，小女儿拿到了三份报价，但忘记了一个关键细节——甜点单里有母亲最爱的核桃蛋糕吗？于是，你们可能在这次核查会议上就清单价值进行委婉的交流。与此同时，小女儿可能同样委婉地指出，在寻找父母大学同学的时候，你和哥哥都忘了要他们的电子邮箱地址。你们了解了彼此的长处和短处，看到彼此能够建设性地接受批评意见，这时你们便可以共同决定是否让小女儿承担更大的责任，如果她还想承担的话。她可以选择在别的短期计划内完成另一组任务，比如听备选乐队的演奏，同时你和哥哥就可以开始收集幻灯片里用的照片，以及父母大学同学的邮箱地址。

让小女儿听备选乐队的演奏可能是一个非常棒的计划，当然，除非她是音盲。角色和能力的不匹配会增加一个人表现不佳的概率，也会增加计划受损的概率（或者更严重一点儿，毁了结婚纪念派对），甚至增加人际关系受损的概率。

如果角色与能力不符合，你要拒绝

组织心理学家戴维·贾维奇发现："没有能力最能摧毁信任。"[5] 角色安排失误可能会增加亲戚表现不佳的风险，也可能导致你将其所犯的一切错误最小化（对努力造成伤害），或是导致你对亲戚的表现过于苛刻（伤害你们珍视的关系）。任何一种情景都会引发麻烦，都可能导致两种形式的伤害。

例如，尽管马洛的丈夫擅长信息技术，但马洛让他担任了宝来的CFO，结果宝来公司负债200万美元，耗尽了信用额度，几乎到了破产的边缘。当宝来遇到马洛的丈夫无法解决的财务困难时，这些困难开始损害他们在公司内的关系，也损害了他们在公司以外的夫妻关系。

相比之下，马洛坚持给母亲分配符合她能力的职务，避免因自己的不明智给公司带来压力。母亲处理了几十年的病人记录，她在宝来的第一份工作正好需要这种经验。在那之后，母亲想要的职位要么不存在，要么没空缺。马洛发现了母亲趋于放弃的倾向，对她说："妈妈，我爱你，但你知道我不能凭空给你安排一个职位，我也没有空位可以给你。"还有一次，马洛同意了母亲的请求，答应给她一份对公司来说"有益"的工作，但马洛停下来想了想，随后又拒绝了她的母亲："这不划算，我没法实现。"每当遇到这种情况，她们的交流互动是她们能够继续前行的关键因素，马洛发现："母亲尊重我的决定，我们不会对此有任何不满。"[6]

即便是对关系好的母女来说，进行这样的交流也可能是非常困难的。但是，倘若一开始能力和角色就不匹配，你们有分歧的事件就可能变得越发严重和频繁，使得分歧升级成战斗，战斗升级成战争。你正在培养的进行困难交流的能力会在未来得到更多的磨炼。即便你认为能力和角色已经匹配了，你仍不可放松警惕，你需要和对方探讨潜在的脱节问题，并设法建立防火墙以保护你的工作与个人关系。

建立防火墙，制订灾难应急计划

即使在一开始能力和角色看似很匹配，你仍要避免过于乐观地看待问题。就像我们建立反脆弱机制一样，你需要预想那些可能出现的消极情景，并为每个情景制订应对方案。例如，当你们产生分歧的时候，最终谁说了算？在极端情况下，如果出现了极度紧张的僵局，最终谁会退出这个项目？如果你们在家中发生了争吵，又一同到公司上班，你们还能进行工作上的交流吗？如果在工作上产生了分歧，你们能保证个人生活不受其影响吗？

Sittercity就为我们提供了一种模式。Sittercity是一家网络中介公司，它为保姆和需要保姆的家长提供了联系的平台。企业家吉纳维芙·蒂尔斯创立了Sittercity这家公司，她拉自己当时的男友丹·拉特纳入伙，让他担任技术负责人。这对情侣组成的企业家团队为我们提供了非常值得借鉴的优秀做法。

首先是他们开始合作时的思维模式。拉特纳向我解释说，他们没有关注最理想的情景，而是决定"为出师不利做好准备，并制订灾难应急计划"。根据灾难应急计划要求，如果他们两人关系破裂，或者在合作中遇到了困难，拉特纳就需要退出公司。拉特纳非常清楚"这是吉纳维芙的生意，我来这里只是给她帮忙的"。（当他们结婚时，他们的灾难应急计划又体现在了婚前协议上。）

为了管理每天都会产生的分歧，他们研发了一套"日内瓦公约"（对他们来说，可以更确切地称为"吉纳维芙公约"）：当出现分歧时，他们需要把分歧写下来并复制分发给整个管理团队，让管理团队参与判断。在我们的交谈中，拉特纳这样回顾公约的效果："这迫使我们让他人参与进来，迫使我们关注手头的问题，而非关注对方。"类似地，企业家山姆·普查斯卡和他的孪生兄弟共同创业，山姆强调开始一切行动前都应该先写下来："尽管口头协议很诱人，但这也为解释和灾难留出了空间。"[7]

共同制订计划能够让双方都接受，将计划正式化能确保其细节的明确，在计划实施过程中让他人参与其中能够提高可执行性和明确性。

在宝来公司，马洛一开始是她母亲的直属上司，这引发了她们之间关于职位和薪水的紧张对话。然而，随着宝来的发展，母亲开始向另一位经理汇报工作。马洛意识到"不做母亲的直属上司感觉好多了"。母亲也认为"事情顺畅了许多"。[8]

从那以后，马洛便把自己招聘的家庭成员分配给家庭之外的主管，以确保她在全公司都建立起了这种结构性的防火墙。（以我自己为例，有一年夏天，我的一个女儿在为我的课程准备材料，我让她向我的研究助手报告，而不是直接向我报告。与接受我的指导相比，她能够更好地接受我的研究助手的指导。）在雇员方面，马洛表示："我很清楚、很直白地对我的亲朋好友说，'你们不为我工作，你们的经理负责招聘和解雇员工。他们决定你们的薪水，他们决定你们所做的一切……不要让我插足，有问题不要打电话给我，不要让我牵涉其中，我不想知道'。"

在管理者方面，马洛给予经理权力，让他们能够一视同仁地对待她的亲朋好友，如果适合，经理可以使用人力资源政策和条款去规范甚至解雇她的亲朋好友。如果马洛感觉到某个经理犹豫不决，无法公正地对待她的亲朋好友，她便会对那个经理说："你只需要做你该做的……你得解雇他们。"马洛还制定了一项正式的公司政策，如果在宝来有人做出越界行为，此人将会收到一份详细描述，内容包括具体的负面事件、出错原因，以及此人在事件中担任的职务。马洛十分严格地执行这项政策，担心妥协带来的严重后果，哪怕只是一次妥协。她表示："我从不会因为某个人是我的家人而去拯救他。"

即便是对宝来的高层经理来说，这种防火墙也是十分必要的。有两位实验室主任，他们在共事前是挚友，但在共事后发生了越来越多的争执，于是马洛加紧在奥斯汀新开了一个实验室，并将其中一位主任调到了奥斯汀，另一位则依旧掌管达拉斯实验室。这道防火墙将两位对头隔开了 200 英里之远。

在 Sittercity，灾难应急计划要求丹·拉特纳在两位合伙人共事出现问题时退出公司。在宝来，希拉里·马洛运用了更间接但更客观的方法以保证决策控制。马洛看到宝来的创始人最初拥有公司 51% 的股份，从而巩固了他的控制权，而当时马洛只拥有 49% 的股份。当创始人开始转让公司、向新合伙人出售股份时，马洛额外购买了 2% 的股份，将自己的股份提升到 51%，让自己拥有了多数股份，以备在需要解决分歧时派上用场。没过多久，宝来的创始人意外去世了，马洛只身一人站在了企业的顶端。多亏了马洛的灾难应急计划，当团队内出现意见分歧时，她的多数股份便能解决一切僵局。

马洛发现，她母亲非常渴望学习，在下班后也想要谈论工作，这模糊了公司和家庭的界限。"我不会找另一位员工，而是直接跑去和希拉里交流。"母亲说道。这导致马洛严格执行了另一道防火墙：下午 5 点后严禁讨论工作。她们同意在家禁止讨论工作，除非是紧急情况。如母亲解释的那样："我们想在家保持母女关系。"

结构性解决方案和明文规定将家庭和工作分割开来，这在最初可能有些专横，但这些措施有效降低了玩火的第一大风险，即紧张态势的蔓延。然而，第二大风险还有待解决，即对问题避而不谈，寄希望于问题能够自行解决。有时我们自己能够降低这种风险，但往往需要借助外力。

强制进行困难对话，邀请第三方参与讨论

马洛一直在回避丈夫，不愿进行困难的对话，担心这会伤及他们的私人感情。相比之下，在母亲加入公司前，"我们就已经进行过坦率且清晰的对话，工作是工作，个人是个人"。母亲觉得自己"能够将个人和工作分离开来"，这是老生常谈了，但人们在亲自实践时总是做不到。幸运的是，马洛和母亲很早便测试了这一命题。当母亲在早期犯了错误，马洛会对她说："妈妈，那个行不通！"[9]

对母亲来说，从女儿那里获得建设性的反馈是一件具有挑战性的事情："希拉里第一次给我反馈的时候，我哭了，我心想，'女儿对我失望透顶了'，我不想让女儿失望。我为她感到骄傲，

也想让她为我感到骄傲。但我们对此进行了讨论，'我们必须转变模式，如果想要继续工作，我们就不能把事情个人化'。是的，我们的确是母女，但这是一种工作关系。"[10]

有时你需要邀请第三方来帮助自己克服对敏感问题的自然厌恶。这些外部人士应该尊重合作者双方，了解可能出现的问题，让双方认识到需要主动解决这些问题。倘若你和你的兄弟姐妹想要分时度假，你们可以咨询有相同经历的朋友，向他学习经验，并让他给出公正的建议。如果你们两人合伙购买了一张本地篮球队或者管弦乐队的季票，但在分配重要场次的时候遇到了问题，此时你们可以请两人都喜爱的叔叔帮忙分配。组织心理学家贾维奇对其进行如下概括："授权给你们信任的人，可以是亲戚，授权他介入并阻止你们不理性的行为，不论是积极的还是消极的。"[11]在早期阶段，第三方也能发挥重要的作用，他们能够迫使你实际地考虑消极情况，帮助你充分考虑可能的灾难应急计划。当出现不确定性，需要某人做最终决定时，或者当你们同意建立重要的防火墙，但害怕自己无法执行时，这类公正的裁判也能派上用场。

例如，一位创始人兼CEO聘用了他的儿子，让儿子在他位于中国的企业工作。最终，这位父亲把儿子提拔到了企业的重要职位，直接在自己手下工作。遗憾的是，两人并不总是意见相合。父亲抱怨道："他跟我说我的管理方法不好，我们要用新方法管理生产。我脑子里的第一个想法就是'我给你换尿布的时候你还光着屁股乱跑呢，你现在竟然对我发号施令'？！"最终，他们求助于中间人——这位创始人兼CEO的妻子——以坚决执行"在家不谈工作"这一政策。在这种做法的帮助下，他们便能够防止工作上的冲突蔓延到个人领域。[12]

我们经常高估困难对话可能产生的伤害，这是导致我们逃避困难对话的一个重要因素。例如，沟通研究员戴维·基廷博士和他的同事研究了家庭内部的沟通。在进行困难对话前，大部分的受访者都担心会有负面结果。然而，在完成对话后，76.5%的受访者表示对话产生了积极结果。那些积极结果包括家庭关系的增强、信任、理解和坦诚交流的增加，以及个人幸福感和满足感的增加。[13]成功地进行困难对话将会打造更为牢固的关系，培养我们的对话能力，让我们能够在紧张局势下就重要问题进行交流。更加清晰地认识到困难对话的好处，能够帮助我们更加高效地参与其中。

低估夫妻企业家

我在风投公司工作时，公司的投资领域极其广泛，它几乎会关注所有的投资机会，除了情侣、夫妻这类人创立的初创公司。我所在的公司曾经投资夫妻企业家，被弄得焦头烂额，于是便有了一条简单的规定：禁止投资夫妻企业家。我注意到，许多风投公司也出于类似的原因而给出了同样的指示。

在离开风投公司许多年后，通过对企业家的广泛研究，我意识到"禁止投资夫妻企业家"是一个天大的错误。的确，有些夫妻没做计划就一头扎进创业中，但非夫妻组成的团队也会犯这样的错误。有些夫妻企业家非常出色，给我留下了深刻印象。这些夫妻企业家知道自己是在玩火，并设计了上述机制来减少风险。实际上，架构良好的夫妻团队能够提供非常好的投资机会，因为大部分的投资者都会回避他们，尽管这些夫妻企业家已经为人生挑战做好了准备。

那些建立起防火墙的夫妻理应被列入这本书的名人堂，与那些主动挣脱手铐、控制热情的人齐名，与那些为成功的危险做准备的同时利用失败的人齐名，与那些打破思维定式、管理趋同倾向的人齐名。

这就把我们带到了优秀企业家抵抗的最后一种吸引力：平等分配。

抵抗平等分配的诱惑

一开始，许多企业家都会对他们的合伙人说："我们是一个团体，如果我们平等参与，每个决定都会变得更好。"他们力图平衡自己的责任和每个人对集体努力的贡献。

我称这种方法为永无乡模式，因为在彼得·潘的家乡永无乡，没有大人对孩童发号施令，没有大人掌权。严格的平等主义有其独具魅力的一面——它具有灵活性，能够释放团队的智慧。但当企业家需要迅速行动以抓住机遇时，他们需要对每一个决定进行讨论，这便会拖慢他们的速度。结果，紧张局势加剧了，僵局出现了，对两人团队来说尤其如此。[14]

平等主义的奖励方式可能会造成更大的困难。3/4 的创业团队在创业后的一个月内就划分了股权。[15] 由于公司的前景在那时是非常不确定的，创始人更可能会仓促地进行对半划分，而且经常以一种"快速口头协议"的方式达成一致。由于社会、法律和税收原因，这种早期划分到后来是最难撤销的错误之一，它可能会困扰企业家许多年。你大概已经看过一个例子了：奥斯卡获奖电影《社交网络》中早期股权划分的重大失误。这部电影详细讲述了马克·扎克伯格为弥补自己在创办脸书的早期犯下的错误而进行的不明智的尝试，当时扎克伯格将大量的股权分给了一位合伙人，但他后来想要开除这个合伙人。此外，我的数据显示，尽管脸书在达成快速口头协议后表现良好，但与不平等的结构相比，公司的最终表现还是相对较差的，而且脸书团队也因为口头协议受到了相当大的损失。当脸书进行第一轮融资时，倘若脸书团队抵制住了平等的吸引力，在其他条件不变的情况下，他们本可以多融资 50 万美元。[16]

由于这些原因，久而久之，许多企业家都对严格的平等主义产生了适度的谨慎。这绝对不是说他们会忽视公平的重要性，而是说他们建立了实际的指导原则，以遵循避免严格平等的其他追求公平的途径。这些指导原则包括：创造迷你宙斯，提前制定打破平局的方法，长远考虑问题而非只顾眼前利益，寻找团队协作的方法。如我们所见，合伙人关系和个人关系在很多方面都是相似的。但在创业领域，二者最相似的地方就在于追求平等。

创造迷你宙斯

像奥林匹斯神话那样让众神之王宙斯掌管一切决策，这会给决策的制定带来风险，也不利于保持平稳的关系。但从另一方面看，生活在永无乡会导致决策陷入僵局，并且更可能促使人们共同制定决策。创造迷你宙斯结构是一种可行的替代方案，这个方法已经成功帮助了许多家初创公司和夫妻企业家。你可以对各个领域划清界限，将这些领域分派给能力相符或热情相符的人，让他全权负责该领域的决策，同时自己也要避免干涉他人的领域。很多稳定的团队都采取了这种迷你宙斯结构。

艾莉森和约翰是一对夫妻，在一起的时候总是拌嘴，他们就很好地诠释了如何用"距离法"解决这个问题。艾莉森讨厌跟在约翰后面收拾东西，约翰则不喜欢别人要求他收拾东西，他们常常因此发生口角。两人不愿意离婚，但需要减少夫妻间的争吵，于是选定了一种创造性的解决方法：他们购买了一间分隔好的阁楼，两个人都有独立的生活空间。艾莉森回忆道："这种居住方式真的帮助我们解决了问题。"艾莉森和约翰各自做饭、打扫卫生，但会一起用餐，这便消除了之前总在家里出现的分工矛盾。现在，他们都只负责各自的日常家务。对他们来说，这种新安排好像让他们"回到了约会的时候"。[17]

潘多拉电台也有着这样的迷你宙斯结构。在三位合伙人中，蒂姆·韦斯特格伦是音乐专家，乔恩·克拉夫特是经验丰富的企业管理人员，威尔·格拉泽是技术能手。这个团队创建了三个明确的领域——音乐、商业和技术，并将三个领域分别交由韦斯特格伦、克拉夫特和格拉泽管理。每一位迷你宙斯都能够决定在自己领域内雇用谁，以及如何构建自己的团队。韦斯特格伦负责构建音乐目录，克拉夫特负责制定融资策略，格拉泽负责产品架构。[18]

潘多拉团队从一开始就进行了明确的分工。然而，假如韦斯特格伦被趋同的吸引力诱惑，与另一位音乐家共同创业，那么他们的技能就会重叠，也就不会有明确的分工。两位音乐家将无法明确地划分决策领域，也就难以采用迷你宙斯结构。实际情况是，潘多拉团队清楚地划分了领域，每个领域有相关的专家，这使得迷你宙斯结构能够在潘多拉电台内发挥作用。

在引言和第七章里，我提到了自己的学生戴维，他正在解决和新婚妻子的问题，而迷你宙斯这种方法同样适用于他。我会对戴维说，在此之前，你一直都采取折中的办法。现在不同了，你们需要一起合作，划分出不同的领域，放大每一个优势，然后把这些优势运用到合适的领域中。如果你们发现两人都擅长某一领域，你们可以增加第二个评判标准。比如，在你们能力相等的领域中，你们是否有各自喜爱的领域，或者至少是不讨厌的领域？利用第二个标准，尽可能地分配你们剩下的领域。对于那些仍然无法分配的，是否有你们都不擅长或者都讨厌的领域？你们是否可以把这些领域外包给其他有相应能力的人？在制定好分配和外包列表后，回头评估一下你和配偶各自分配到了哪些领域。如果存在明显的不平衡，对于剩下的领域你们可以有目的地分配，以达到平衡状态。

比如，你和妻子要负责家庭财务、做饭和保洁。你的妻子擅长财务并乐在其中，于是选择了这个领域。你的厨艺高超，于是你承担了买菜和做饭的任务。你们两个人都不喜欢打扫卫生，而你们所住的公寓可以提供比较划算的保洁服务，这时你们就可以考虑把保洁任务外包给其他人做。

总而言之，拥抱你们的差异，而不是试图消除差异，或者通过平等分配忽略差异。拥抱差异可能会给你们带来更好的结果，比如预算和投资会更有把握，餐桌上的饭菜会更加美味，环境能够保持干净整洁，而且你们不必为厨房拖地问题每周争吵。

你现在面对的最大问题是，当某些问题涉及多个领域时，该如何解决？如果对于解决方法存在争议，你很可能会陷入决策僵局，这时你就需要打破僵局的方法了。

提前制定打破僵局的方法

通常来说，一个创业团队由两位合伙人组成，这样的团队在我的数据库中占40%。此外，12%的创业团队由4个人组成，也就是说，大约有一半的创业团队的合伙人数量是偶数。[19] 在这些团队中，以及在夫妻关系中，票数相等会加剧紧张局势，减缓决策过程。这些团队应如何打破这种僵局呢？

在团队内部，如果采取了平分所有权的方法，僵局就会变得固化且复杂。打破僵局的一个方法就是不平等地划分股权，或者只给一位创始人董事会席位。当夫妻发生争执时，他们也可以邀请第三方参与，以实现类似的不平等的股权划分。比如，他们可以求助于两人都十分尊重的公正且知情的导师，甚至可以让不了解详情且有着明显偏爱的孩子帮忙裁决，以打破僵局。一对夫妻决定，当他们想去不同的餐厅用餐时，他们会套用篮球中的交换球权规则来轮流决定。第六章里提到了两位共享秘书的企业家，对于秘书该在谁的办公室里办公这一问题，他们产生了分歧，最终以抛硬币的方式打破了僵局。

不论你选择哪种方式，关键是要在遇到问题前制定打破平局的方法。尽早就打破平局的方法达成一致，这也许可以帮助你培养解决矛盾的能力，这样你就可以更好地应对重大决策，例如再生一个孩子或者搬家，这些决策需要多个领域的知识，并且很难撤销，对整个家庭有着极大的影响。

长远考虑以避免陷入困境

抵抗平等吸引力的另一个关键方法就是长远考虑，而不是根据现状判断事物，尽管人们一直都想这样做。在早期的高度不确定阶段，杰出的企业家不会被自己的角色束缚，而是明确地保持责任和回报的流动性。他们不会立即争取贡献的平等，因为他们意识到，即便在当下能取得平衡，这种平衡很快就会随着公司的发展被打破。在公司发展的过程中，他们能够看到成员的贡献，他们会设置检查点来调整职位和回报。

"上上下下"的创始团队想要发展出一套投资者的社交网络，商业合伙人迈克尔意识到，即便他们已经同意平分所有权，但自己的付出比技术合伙人普克要多很多，这加剧了他们之间的紧张关系。普克不得不指出，只有当其他合伙人确定了要求后，他才能着手开发系统。在向我解释的时候，普克强调说："在特定的时间段里，某些创始人的贡献会比其他人大一些，即便如此，我们也应当着重关注每个人的长期贡献……在搭建网站的过程中，我的任务是最重要的，在相当长的一段时间里，我的任务也是最耗时的。"

回到我的学生戴维身上，我会劝告他：如果你感受到了平等的吸引力，你需要争取长期的相对平等，同时你要承认在人生的任何一个阶段，你都可能需要承受更多的负担，而不是每一步都平等。不要寻求短期的持平，相反，你需要以长期平等为目标。在你的妻子无法做出贡献的艰难日子里，你需要给予她支持，因为你在将来也会遇到无法做贡献的情况，也会遇到不平衡的黑暗日子，而你的妻子也会以同样的方式对待你。你需要寻找其他可以获得平衡与和谐的方法，甚至可以让一方在一段时间内承担更大的责任，从而避免平等的钟摆效应和对立的痛苦，就如同第七章讨论的安吉拉和她男友来来回回的工作变动一样。

实际上，安吉拉告诉我，她最终发现男友并不期望平等的回报，"他只是想看到我对他的付出表示感谢"。这也就认可了平等是达成目的的一个手段，而感激非常有助于创建公平的氛围。

一旦你养成了感谢对方风雨相伴的长期习惯，你便会发现自己能够运用更加复杂的方法，比如团队协作，这个方法为许多分散的创业团队所利用，也为那些可以制定互补工作时间表的夫妻所利用。

团队协作

距离问题经常促使企业家想出与众不同的方法来处理问题。

我认识许多初创公司的企业家，他们分布在美国硅谷、印度或以色列，且经常位于不同的时区。在某些案例中，有的企业家会在傍晚把工作交接给合伙人，而此时合伙人那里正是早晨。比如，在线工作流创业公司扎皮尔的市场团队将自己扩展到了泰国曼谷和美国的 4 座城市，这 4 座城市横跨美国的三个时区。团队成员马修·盖写道："工作的交接可以让我们全天候地工作。曼谷是白天的时候我可以写一篇文章，当我晚上睡觉时，我在波特兰的同事乔就能对文章进行编辑。等我第二天醒来的时候，就可以进行修正了。"[20]

类似地，"第三道路研究所"是美国费城的一家智囊团机构，鼓励双收入家庭尝试不同育儿方法，例如创建互补的工作时间表，让家长能够以一种结构化、可以预见的方式交接主要的育儿责任。[21] 我和妻子都有工作，我们养育了 8 个孩子。我的妻子是一位医生，需要随叫随到的时候，她一天 24 小时都得待在医院，但她也是一位贤妻良母。我们一直很难平衡工作的责任和照顾家庭的需要。招聘保姆（家中的第三个CEO）在一开始似乎是个不错的解决方法，但当保姆生病或者因为恶劣天气无法前来时，这个方法就没那么好了。

我们意识到，我们不能只依靠一个人来解决问题，于是我们尝试了日托中心。这次也是，我们似乎找到了解决方法，但后来我们最小的孩子生病了，没法去日托中心，于是这个方法也行不通了。迫不得已，我们最后只好给临时工中介公司打了电话。接下来，我们采取了双管齐下的方法，我们把孩子送到学校和日托中心，但同时也给保姆发工资，以保证在发生紧急情况时、学校放假时以及一天结束后孩子有人照顾。我的妻子十分节俭，担心开销过大，但我们不得不接受这个方案，因为她随叫随到的时间表缺乏灵活性，而我又要参加博士课程。

随着我获得了博士学位以及银行存款的减少，经过几天的思考，我们最终选择了"第三道路研究所"提供的团队协作方案，在一天内进行分工，也在长期安排上进行协作。我们开始分析各自的时间表中哪些部分是没有弹性的，并尝试发现对方在这些时间段内是否可以灵活处理。在妻子值班的日子里，我确保自己有时间接送孩子上下学，并给予日程表一定的灵活性，以防其中一个孩子生病。当我的日程安排缺乏弹性时，比如在上课或者到外地出差，妻子会确保她的日程安排更有弹性。比如，我在教学日的课程都在下午 1：00 结束，所以妻子就在下午 1：15 开始她的病人预约，以保证在需要时我们可以协同照顾生病的孩子。有几次，妻子会挨着我的车停车，我下课后径直从教室走到学校停车场，妻子便把睡梦中的孩子交接给我（孩子发烧没法上托儿所）。于是，我下午就可以照顾生病的宝宝，妻子则可以去办公室接待病人。我们不愿采取扎皮尔市场团队的地理分布法（如果没法和家人住在同一屋檐下的话，我们通常还是希望能和家人同处一个大陆），但我们采用了互补的时间表来实现同样的团队协作目标，这一方法为我们服务了 10 多年。

如你所见，我绝不是在推荐让夫妻中的一方承担全部的经济责任，然后让另一方承担所有的育儿责任和持家责任。恰恰相反，新手父母需要格外注意许多夫妻都会犯的错误：一开始期望能平分照顾孩子的责任，但等孩子出生后又无意识地分配任务以应对激增的产后责任，而夫妻分配到的任务最终会固化下来，这通常会导致怨恨的增加。不要以为在生孩子前对责任进行平等划分就足够了，你应该研究有哪些事情需要做，该由谁来做。有哪些特定的育儿任务只能母亲来做？把这些任务写在母亲的任务清单上。在剩下的任务中，有哪些符合父亲的能力和兴趣，哪些对母亲来说过于耗时耗力？把这些任务写在父亲的任务清单上。夫妻的任务清单是不是不平衡？现在，你可以把剩下的任务分配给相对清闲的人来努力实现平衡。最重要的是，对于你们做事的节奏，你们需要给它时间发展，并且需要将其付诸实践以进行完善。我和妻子花了好长时间才确定团队协作的方法，才学会如何在协作中应对突发情况，比如孩子生病和波士顿下暴雪。

好消息是，你们可以利用自身的倾向来避免绝对平等。夫妻可以各自找到想要独揽大权的任务。比如，夫妻中的一方更关心账单支付和财务管理，另一方更渴望负责照顾孩子。决策权力越大，工作的负担也就越大，但只要事业贡献与家庭贡献的总和在长期来看大致相等，这种计划安排就可以生效。

日常需求，终身投入

你是否感觉自己在家庭或工作中付出过多？此时此刻，你是否感觉自己不受重视？许多学生都带着这样的困扰来找我，不论是创业还是个人生活。对于这种情况，我的建议是打持久战。企业家创办一家公司需要十几年甚至几十年。一位技术合伙人可能需要辛辛苦苦工作一年来构建产品，而商业合伙人可能一整年无事可做。然而，仅仅12个月后，他们的角色可能就会互换。个人关系需要我们拥有更加长远的眼光。父母培养孩子用了5年，而之后孩子可能需要花10年来给父母养老。把关注点从此刻的公平转移到家庭或公司长期需求的满足，这能够帮助我们抗击平等的偏见，避免过多的短期、不必要的矛盾。

总体来说，我们学到的经验是，停下脚步并从当下的矛盾中后退一步，长远考虑问题，这么做是值得的。这是我们在这本书中通过不同形式学到的企业家经验。因此，在本书的最后，我们不妨再看一看对于企业家能力的另一项测试（也许是最终测试），看一看企业家能否将自己的理性思维和反直觉思维运用到复杂且困难的情景中——"王国"和"王位"的斗争。

结　论

　　我花了将近 20 年的时间来研究企业家在创立和管理公司时所面临的选择。在此期间，有一个关键的矛盾点不断出现，甚至成为本书的重要话题，也是我在几所大学授课的焦点。（我之前在哈佛商学院、斯坦福大学工程学院和目前在南加利福尼亚大学讲授"企业家困境"这一课程。）这是"致富"和"称王"之间的矛盾。几乎所有的企业家都面临这一矛盾点，并且大多数企业家在公司发展的过程中会反复遇到。企业家是抑制自己想"称王"的心，帮助公司取得最大的成功，并最终实现自身财富最大化，还是不顾公司死活，坚持"称王"？

　　既"致富"又"称王"——建立一家成功的大公司并始终手握大权——是个不切实际的想法。[1] 如果执行委员会及董事会成员都是你的拥护者，那么你就很难做出最佳决策；如果你不愿与合伙人共享决策权，那么这个合伙人不会全心全意地忠于你；如果你对员工实行微观管理，那么他们将无法展现最佳的工作状态。[2] 因此，鱼和熊掌，你必须二选一。

在深入研究企业家后，我越发感受到"二选一"的重要性。企业家在创业之路上必须努力解决"二选一"的问题，例如什么时候创业，是独自创业还是与他人合伙创业，是自筹资金还是寻找外部投资，如何建立董事会，以及创业路上其他的岔路口。我在书中也举了一些例子，其中最关键的一个岔路口是，企业家决定是继续掌权还是将权力交给有能力发展公司的人。

你生过孩子就会知道，放弃一个你养了几年的孩子会让你的心剧痛无比，这时候的你会完全失去理智。所以，对创始人来说，当董事会成员告诉他们需要放弃管控权时，他们总觉得"当头一棒"，或者像杰克·多尔西说的那样，当他得知自己不再是推特的 CEO 时，仿佛被一记重拳打倒在地。[3] 在这样的情况下，企业家也像我们一样，拼命克制自己的情绪并理性思考。

有一天我们会意识到，从小听到大的那句"有志者事竟成"仅仅是一句鼓励的话，而不是生活的真实写照，我们会像上述企业家一样大吃一惊。无论是工作还是生活，我们的"都要"总会变成"二选一"。

接下来，从迪恩·卡门的故事中我们可以看到，一方面，创始人的严格管控会拖垮公司，就算这个公司有着无限的发展潜力。另一方面，创始人若是追求并致力于公司发展，那么他们有可能失去管理权，卢·西尔内就是一个例子。接下来，我们将探究他们的创业之旅，总结经验并将其运用于人生道路。

是"致富"还是"称王"

企业家刚开始时几乎无一例外地想二者兼得：他们都想领导一个影响广且市值高的企业，有的人甚至想在初次创业时就达到这个目标。企业家二者兼得的欲望来自对经营理念的自信，他们认为自己的理念极其强大且前所未有，所以放弃这一理念是绝对无法接受的。"这个主意是我想出来的，所以必须由我亲自将其实现。我才是创办公司的不二人选！"迪恩·卡门就是这么做的。

卡门是一位优秀且有远见的投资者，他想要改变世界，并坚信工程师和科学家应该成为偶像，就像摇滚音乐家和职业运动员那样。卡门发明了许多医疗和机械设备，在这一领域，他早已是一位经验丰富的企业家。受"洗澡时差点儿摔倒"这一事件的启发，卡门和公司的工程师发明了赛格威代步车，原名是金吉（以著名的舞蹈家金吉·罗杰斯的名字来命名）。卡门、史蒂夫·乔布斯、传奇风险资本家约翰·杜尔和其他的专业人士都认为，具有自我平衡能力的个人用运输载具这一概念改变了世界。杜尔甚至预测，金吉的销售总额将会很快突破 10 亿美元，这一速度是任何新公司都无可比拟的。卡门彻底爱上了这一交通工具，他预想这款代步工具会在城市里被广泛使用，并认为它是解决环境污染和交通堵塞的最佳方案。

卡门在认识到赛格威的潜力后，并没有像以前一样对外授权。相反，他决定成立公司，发展并生产这种代步车。卡门说道："我们已决定做灵魂的主人，自行生产金吉。"[4]在组建团队的过程中，他还聘请了高级主管。其中，最高级管理人员是克莱斯勒欧洲总部总裁蒂姆·亚当斯。卡门曾说他需要像亚当斯这样的人来帮他管理企业，这样他就能"回到发明和工程这样有趣的事情上"。卡门向亚当斯保证，他"对生产过程和产品细节没有任何兴趣"。[5]

然而，两个人很快就产生了分歧。在处理关于供应商或者生产过程的相关事宜时，卡门总是凌驾于亚当斯之上，而这些方面恰恰是亚当斯的强项和卡门的弱点。外人想看金吉必须经过卡门同意，即便是CEO亚当斯都没有权力这么做。之后，卡门开始看不起亚当斯，他说道："亚当斯拿的工资是其他工程师的两三倍，但是他根本没有那些工程师聪明。"[6]很快，卡门换掉了亚当斯，找了另外一个CEO，但是新的CEO在一年后也被炒掉了。卡门心力交瘁，因为他总想着掌控公司并使其按自己的想法行事。在和员工交谈时，卡门说道："我心目中最理想的合作伙伴是能够壮大公司的人。为了找到对的人，公司今年已经花了好几百万美元了……要是能投资自己公司内部的项目那该有多好啊！这样的话，我又能吃好睡好了。"[7]

　　刚开始的 10 年里，赛格威公司几乎每年都换CEO。在这 10 年的时间里换了 9 个CEO，原因是卡门执意要掌控每一个重大决定。这家公司的潜力巨大，成立之初共筹集了 1.76 亿美元，但最终在 2009 年公司被出售时售价仅为 1 000 万美元，这让赛格威成了历史上最不爱惜自己羽毛的公司。

　　很少有人会像卡门那样在画布上将自己的作品描绘出来并向众人展示，但是我们酷爱描绘自己的作品，并坚信我们应该亲自作画，而不考虑我们的现实能力。

　　如此一来，我们便忘记了，发明在变成真正的商品时必须适应市场，并且有时适应市场意味着巨大的改变，就像初创公司在发展为真正的公司的过程中也要做出改变。有的初创公司的首个产品研发过程十分顺畅，但即使是这样，在公司发展过程中也会有许多创始人始料未及的挑战。这时公司需要做出调整，而且速度要快。从迪恩·卡门的故事中我们可以看到，通常情况下，当公司面对这些变化时，产品的发明者不是最佳的管理者，并且创始人坚持手握大权通常会导致公司掉价。

　　我研究了 6 130 家美国企业后发现，创始人全权管控公司对公司 2 ~ 3 年后的市值危害极大。在此之前，创始人的能力对于第一个产品的研发过程至关重要，无论这些创始人是精通科学、技术还是对这个产业十分了解。但在此之后，一旦产品准备面向市场，创始人的能力就不足以应对公司复杂化过程中面临的挑战。创始人之前从未打过销售电话，而现在他必须穿上西装去拜访潜在客户。然后，他还要面试销售人员，管理销售团队，设计薪资结构。而这只是冰山一角！创始人手握大权会导致公司市值平均下降 17%~22%，并且情况会一年比一年糟。[8]

软件公司慧能科技的创始人卢·西尔内切身体会到了公司快速发展的苦果。当公司准备发布第二代产品时，他坚信自己能"既致富又称王"：消费者对公司产品很满意，销量不断上涨，公司团队运作良好。西尔内当时正在筹集第三轮资金，他斗志昂扬，加足马力为公司谋发展。然而，这时拥有 3/5 董事会席位的投资者决定换一个 CEO。得知此消息的西尔内十分震惊。他告诉我："我当时脑子里只有'我做错了什么？我犯了什么大错？'"

投资者认为，公司领导者的能力应与下一个发展阶段相适应。西尔内是位杰出的科技型人才，但他还不了解其他的企业机能，而在公司发展的下一阶段，企业机能举足轻重。西尔内被换掉恰恰是因为他让慧能公司取得了飞速发展。在这一创业成功的悖论中，帮助公司取得飞速发展的成就结束了他的 CEO 生涯。

很多成功的创始人和卢·西尔内都有着相同的经历。在初创公司，筹集第三轮资金是一个重要的节点，只有获得了极大成功的公司才能走到这一阶段。然而，在这一阶段，一半的创始人兼CEO 都要被换掉，其中 75% 的人是被迫离职，剩下的是主动离职。大多数创始人对这一数据表示十分震惊，因为他们原先认为公司的成功只会证明他们是一个合格的CEO。[9]

不仅仅在创业过程中会遇见"致富"和"称王"这一矛盾点，其实在生活中我们很多时候也会面临这一矛盾点。

生活"二选一"

在选择职业时，许多人都像首次创业的企业家那样，认为鱼和熊掌可以兼得。我们相信，只要努力工作，我们就能成为大公司里薪酬丰厚且权力无边的公司高管，在公司里既"致富"又"称王"。然而，事实是我们有可能达不到上述目标，并且我们还要"二选一"，决定哪一个才是我们更想要的。如果我们想要自主权，那么我们就要选择薪酬低的工作。或者，如果我们想要丰厚的报酬，那么我们就要牺牲一些自主权。想象一下，你一直梦想成为创作型歌手，但好几年了你都默默无闻，直到有一天你发到网上的一首朗朗上口的流行歌曲得到了成千上万的点击量，著名艺术家将其重新混音，并且有国际唱片公司愿意资助你。但是这家唱片公司并不喜欢你的创作，他们想把你培养成流行歌手，而你从未想过要当流行歌手。这家唱片公司还提醒你，如果你拒绝提议，后面排队的还有几千个人。在这样的情况下，你可以获得成功，但代价是你要放弃表达真实的自己。我们常常会遇见许多出其不意的选择，这很好，但大多数情况下，这些选择相互排斥，此时我们需要做出艰难的抉择。

在团队活动或项目小组中，也存在类似"二选一"的情况。管理者如果手握大权，对所有人实行微观管理并包揽了大小事，那么他可以按照理想的方式执行项目。然而，如果这么做的话，管理者组织的活动就会变少，完成任务的速度也会大大减慢。那些放权的管理者则高效地建立起了一个更大的团队，大家通过共同努力完成了更多的任务。但是，这样的管理者不能指挥所有的领域，他们必须放弃一定的控制权，同时必须信任有能力的人来执行策略。

在艺术或学术领域，你若是想写一本书或者一篇文章，也许能够自行完成。但是，你若是找了位合著者，那么你的书将会写得更好，并且更有可能出版。例如，我有位同事在一篇学术文章上花了很长的时间，但这篇文章不断地被顶级学术期刊拒绝。显而易见的是，如果他想让学术期刊接受自己的文章，那么他需要找一位对计量经济学了解更深的合著者。这位同事面临的选择是在非顶级期刊上"称王"，还是与人分享发表顶级期刊论文的荣光。这样的"二选一"很常见，因为与人合著的学术文章被引用的概率更大。[10]

在婚姻中也有"二选一"。有些人想要掌控自己的婚后生活，比如，他们想要管理财务，于是花时间保持收支平衡和管理银行账户。其另一半性格随和，于是同意这位控制型的伴侣来做这项工作，这看起来像是一方辛苦管家，一方坐享其成。这可能会导致家庭矛盾一触即发。

许多初创公司在这一领域的失败为我们提供了惨痛的教训，但它们同时也为我们指了明路，让我们高效地"二选一"。

找到解决方案

我们知道，成功的企业家知道在面临"二选一"时，情感上很难接受这样的局面。但是他们都能控制自己，不让情绪成为主导。他们之所以能这么做是因为他们了解自己和"二选一"。但如果你只关注如何让想法成为现实，那么你将无法拥有这样的远见卓识。

分清你我

慧能公司的卢·西尔内为我们树立了一个典范，教我们如何处理"二选一"这种转折点。虽然他刚开始觉得备受打击，但西尔内和大多数创始人一样，一直认为公司和自己是融为一体的。对创始人来说，完全掌权对于公司最初的发展至关重要，但是最有远见的创始人会牺牲自己掌权的欲望，把公司的利益放在首位。

直到董事会施压，西尔内才恍然大悟。西尔内最终承认，他继续担任慧能的CEO会给公司造成巨大损失，于是他将权力交给了新上任的CEO，并最终卸下全部的职务。之后，慧能迅速发展，最终国际联合电脑公司以3.75亿美元的高价收购了慧能。西尔内向我解释说，他终于看清了局势：他曾估计，如果他继续担任CEO，那么公司最终的市值可能仅为现在的1/6。

不管在什么方面，牺牲"我"是生活中最大的挑战之一。很多人都曾抱怨"我的团队不听我指挥"或"我的公司让我失望"，这些抱怨揭示了人们对项目或组织的不正确认知。有多少婚姻破裂是因为夫妻一方总是抱怨"这不是我想要的婚姻"？

我们要从西尔内的故事中学习经验并重新认识"我的孩子"这个短语。"我的孩子"由"我的"和"孩子"两个不同的词组成。真正的父母之爱需要我们少强调"我的"，把孩子放在首位。就像西尔内发现的那样，从长远来看，对孩子好就是对父母好，但是我们大多数人当时无法看清这一点。

长算远略

西尔内学到的另一个教训是即使每天事务缠身，我们还是要学会高瞻远瞩。他知道，慧能公司只是他创业之路的第一站。在建立下一个初创公司新瑞丽（新公司的名字是他名字的变位词）的过程中，西尔内面对投资者有更多的谈判筹码。因为如果投资者没有答应他的条件，那么西尔内就会用他在慧能赚的钱自主创业。在第一次创业时，西尔内决定"致富"，在第二次创业时，他决定"称王"。所以，从长远来看，他做到了既"致富"又"称王"。

这个方法不适用于教育孩子，因为在这一方面我们不能说："如果这个孩子没教好，我们在下一个孩子身上尝试别的方法。"然而，我们可以运用西尔内的方法来处理在人际关系中遇到的问题。如果你与他人刚确立一段长期关系或亲密关系，那么在早期阶段请不要掌控一切。因为婚姻中会有几个星期、几个月或几年的不平衡期，在这一时期你伴侣的事业发展得远比你好，或者你发展得比他好。如果你的妻子已经在医院实习了 4 年，你就要多管家，这时候你就不要期望你的妻子在婚姻中能和你分担"相同"的责任。但你也要知道，或许将来某一天你决定去读博，这会消耗你大量的时间，这时你就要把家中的掌控权交给妻子。

通常情况下，短期内我们无法达成平衡，所以我们必须把达成平衡当作一个长期目标。一段关系需要满足双方的需求，但不一定要同时满足。

建立自我意识

有自我意识的企业家能高效地为"二选一"这一冲突做准备。也正是因为有自我意识，西尔内最终向慧能投资者屈服，并采取不同的方式创立下一个公司。不可否认的是，自我意识是应对"二选一"的关键。我们真的了解自己的动机吗？在未来所取得的成果中，哪些让我们庆祝，哪些让我们后悔？我们看清了什么样的决策能带来什么样的后果吗？

如果你没有意识到指导你生活的框架，那么你所做的决策很可能不符合你内心深处真实的欲望。在回答"接下来我该怎么办"时，很多人都会说他们的父母之前做了什么，或者同龄人正在做什么，而完全与自己的核心价值观产生了重大偏差，我的很多学生也是如此。

当我快毕业的时候，我的妻子怀了我们的第一个孩子。但是当时的我急于尝试企业管理咨询这一领域，于是我去了麦肯锡咨询公司面试，想说服他们雇用我。我也下定决心向公司坦白我在家庭方面的限制。我不想经常出差，而且因为要遵守犹太人的安息日，所以在周五日落到周六晚上这段时间内我不能工作。我想当然地认为自己可以一边进行智力挑战，一边照顾家庭，周六一整天还能远离电子邮件。当面试官看见我的小圆帽，并听说我有一个三个月大的孩子时，他跟我坦白："咨询公司？你想都别想！"

这是我第一次也是最后一次去麦肯锡面试，就这样结束了。之后，我找了一家规模较小且名气较低的咨询公司，公司有许多的本地客户，我可以为他们服务。这家小公司愿意接纳我的限制条件，所以鉴于我的创业倾向，它远比麦肯锡适合我。

　　我们都想着改变世界的同时活得舒服自在。然而，想要实现梦想，我们要克服许多意想不到的困难。我们从创业者身上学到的经验可以帮助我们渡过难关，实现梦想。我们要提前规划目标，准确衡量自己的热情和谨慎什么时候会成为障碍，预测如何驾驭失败和规划成功，为迎接更加美好的生活做足准备，而不是坐以待毙，被迫改变。

致　谢

　　似乎最具影响力的企业都是由创始人自主创业建立起来的，但若我们看得更深一些，我们就会发现，企业从无到有发展起来的过程当中，一个尽忠竭力的团队必不可少。对比尔·盖茨来说，保罗·艾伦必不可少；对乔布斯来说，斯蒂夫·盖瑞·沃兹尼亚克必不可少；对本来说，杰里必不可少（美国冰激凌品牌Ben & Jerry's的创始人）。在写书的过程中，我也有很多的"必不可少"，没有他们就没有这本书。首先，我想感谢我的学生，书中的很多故事都是他们提供给我的，我从他们身上学到了许多东西。就如同1500多年前，拉比塔尔丰在《塔木德》中提到的那样，"从老师身上我学到了许多，从同事身上我学到了更多，但是从学生身上我学到的最多"。其次，我要感谢我的老师，他们给予我知识，帮助我认识这个世界，这为我的研究、教学以及解决书中所遇见的难题奠定了基础。同时，我还要感谢南加利福尼亚大学的同事，感谢他们在我刚来到马歇尔格雷夫孵化器时的热情欢迎和积极合作。并且，我还要感谢我之前的导师以及同事，他们为我早期的学术生涯提供了归宿和方向，并不断鼓励我踏出舒适圈（详见第四章），让我在新的领域里施加更大的影响。这也不是什么坏事。

10 年前，马戈·弗莱明经历了无数次失望后却依旧坚持想让此书在斯坦福大学出版社出版，唉，可惜的是，之后她找了一份新工作，剩下我一个人孤军奋战。我希望马戈之后一切顺利！我想感谢奥利维亚·巴茨，在书籍创作以及校订过程中，她的鼎力相助以及真知灼见起到了至关重要的作用。感谢斯蒂夫·卡达拉诺帮助孤立无援的我，以及在最后的阶段给予这本书无微不至的关怀。感谢特雷莎·阿马比尔把我介绍给克里斯蒂·弗莱彻，感谢埃里克·里斯把我推荐给克里斯蒂，感谢克里斯蒂把我介绍给赛尔维·格林伯格，从我打算写书到动笔写书的过程中，克里斯蒂以及赛尔维给予了我许多明智的建议以及精神上的鼓励。

安迪·奥康奈尔的神来之手以及苹果笔记本电脑在本书的写作过程中立下了汗马功劳。在最初的构思阶段，尼特·普拉萨德给我提供了许多宝贵的思路，在最后校订书籍的过程中，他的火眼金睛也帮了我很大的忙。丹尼尔·杜克特瑞是第一个为本书撰写书评的人，他在这一方面是专家。在我提出要写书时，马特·霍尔茨阿普费尔以及温妮·于也提供了他们独到的见解和自己的故事。乔丹娜·巴伦西亚在结婚和度蜜月的时候也不忘跟我讲述自己的故事，提出自己的建议以及为我打气加油（她也算是"嫁"给了"创业者窘境"这一课程）。我想感谢迪利普·拉奥，他精彩的故事激发了我的灵感。在我寻找案例充实章节内容时，安吉拉·周以及丽贝卡·卡尔曼在课堂内外都为我提供了颇有深度的故事。同时，我还要感谢每一个为我提供案例的人以及那些天赋异禀的创业者，他们的故事以及开放的胸怀让每一个章节更加充实，每一堂课都更加丰富。

我想感谢我的妻子查娜，感谢她同意我在离家 3 000 英里之外的学校教书，她是最好的人生"合伙人"。我想感谢早期加入我的创业团队并帮助我的人：泰雅、塔马、亚伊尔、利亚特、纳瓦、阿维塔尔、伊莎伊和阿瓦士，以及之后加入我们团队并让团队如虎添翼的人：森德、哈伊姆和莎菲尔。我想感谢我的父母，没有他们就不会有我今天的成就，没想到 30 年之后我们还能天天坐在一起吃三文鱼，一起做礼拜，学习《塔木德》。我在父母的房子里住了许多年，感谢他们的慷慨相助！我想感谢我的岳父岳母，他们很早就支持我写这一本书，作为父母，他们为孩子付出了许多。愿上帝保佑他们长命百岁！

参考文献

第一章

1. 这类似于创始人给员工的工资。公司的创始人之前尝过戴上手铐的滋味，他们深知这个手铐让他们不敢离开自己的雇主。于是，这些创始人知道如何好好利用这些黄金手铐将他们的雇员牢牢地铐在公司里。公司的创始人不想让自己的员工去追求更好的职位，于是员工只有坚持留在公司工作才能得到股权。我的数据库中有超过 20 000 名企业高管，但他们不是公司的创始人，其中 99% 的人都受限于这样的股权，82% 的人为了股权已经在公司待了 4 年甚至更久。初创公司这么做的目的是，你随时都可以离开公司，但你不会这么做，至少在 5 年之内你不会这么做。

2. 研究人员詹妮弗·梅卢齐和达蒙·菲利普斯将研究重心放在了 MBA 学员上。这些学生之前在投资银行业工作，之后回到学校学习相关课程并加入相关的俱乐部以巩固自己的职业生涯，而且他们还会在暑假期间找一些相关的实习单位。研究人员发现，比起那些"不那么专注于投资银行业"的学生，这些"专注"的学生的工作机会更少，薪酬更低。详见 Merluzzi J, Phillips D J. The Specialist Discount: Negative Returns for MBAs with Focused Profiles in Investment Banking[J]. Administrative Science Quarterly, 2015, 61(1): 87-124。

3. Wang L，Murnighan J K. The Generalist Bias[J]. Organizational Behavior and Human Decision Processes，2013，120(1): 47-61.

4. 大多数空军技术人员在高中毕业后就开始工作，所以他们当时还很年轻。

5. Rawlinson M J. Labour Turnover in the Technician and Equivalent Trades of the Royal Australian Air Force: An Economic Analysis[M]. Canberra，Australia: Departmen of Defense，1978.

6. Sundaram R，Yermack D. Pay Me Later: Inside Debt and Its Role in Managerial Compensation[J]. Journal of Finance，2007，62(4): 1551-1588.

7. Stross R. The Launch Pad: Inside Y Combinator[M]. New York: Penguin，2013.

8. Becker H S. Notes on the Concept of Commitment[J]. American Journal of Sociology，1960，97: 15-22.

9. 例如，积极的紧迫感（由极端的积极情绪激发）和消极的紧迫感（由极端的消极情绪激发）都有可能导致冲动的行为。详见Cyders M A，Smith G T. Emotion-Based Dispositions to Rash Action: Positive and Negative Urgency[J]. Psychological Bulletin，2008，134(6): 807。

10. Katz E M. Is Your Checklist Getting Too Long? [EB/OL]. Evan Marc Katz (blog) [2018-02-27].https://www.evanmarckatz.com/blog/dating-tips-advice/is-your-checklist-getting-too-long.

11. Wolfinger N. Want to Avoid Divorce? Wait to Get Married，but Not Too Long[J/OL]. Institute for Family Studies[2015-07-16]. https://ifstudies.org/blog/want-to-avoid-divorce-wait-to-get-married-but-not-too-long.

12. Camerer C，Lovallo D. Overconfidence and Excess Entry: An Experimental Approach[J]. American Economic Review，1999，89(1): 306-318. Cooper A C，Woo C Y，Dunkelberg W C. Entrepreneurs' Perceived Chances for Success[J]. Journal of Business Venturing，1988，3: 97-108.

13. Gimlet. Friendster: Part 1. StartUp Podcast，season 5，episode 2，2017a. https://www.gimletmedia.com/startup/friendster-part-1-season-5-episode-2.

14. Cooper A C，Woo C Y，Dunkelberg W C. Entrepreneurs' Perceived Chances for

Success[J]. Journal of Business Venturing, 1988, 3: 97-108.

15. Sharot T. The Optimism Bias[J]. Current Biology, 2011, 21(23): R942.

16. Sharot T. The Optimism Bias[J]. Current Biology, 2011, 21(23): R943.

17. Walton B. Interview by KTVK-TV[Z/OL].[2016-04-26]. https://www.youtube. com/watch? v=XhQG2dP2AHc.

18. Experian. Newlyweds and Credit: Survey Results[Z/OL]. https://www.experian. com/blogs/ask-experian/newlyweds-and-credit-survey-results/.

第二章

1. Schoenberger C R. Want to Be an Entrepreneur? Beware of Student Debt[J/ OL]. Wall Street Journal, 2015. https://www.wsj.com/articles/want-to-be-an-entrepreneur-beware-of-student-debt-1432318500.

2. Kutz S. Why NFL Player Ryan Broyles Lives Like He Made $60, 000 Last Year, and Not $600, 000[EB/OL]. MarketWatch, 2016. http://www.marketwatch. com/story/nfl-player-ryan-broyles-has-made-millions-but-still-uses-groupon-2015-09-17.

3. Gillen J B, Percival M E, Skelly L E, Martin B J, Tan R B, Tarnopolsky M A, Gibala M J. Three Minutes of All-Out Intermittent Exercise per Week Increases Skeletal Muscle Oxidative Capacity and Improves Cardiometabolic Health[J/OL]. PLoS One, 2014, 9(11). http://journals.plos.org/plosone/ article?id=10.1371/journal.pone.0111489.

4. Ries E. The Lean Startup: How Today's Entrepreneurs Use Continuous Innovation to Create Radically Successful Businesses[M]. New York: Crown, 2011.

5. Gompers P. Optimal Investment, Monitoring, and the Staging of Venture Capital[J]. Journal of Finance, 1995, 50: 1461-1489.

6. 详见Ries E. The Lean Startup: How Today's Entrepreneurs Use Continuous Innovation to Create Radically Successful Businesses[M]. New York:

Crown，2011 和 Blank S. The Four Steps to the Epiphany: Successful Strategies for Products That Win[M]. Palo Alto，CA: K&S Ranch Press，2005。

7. National Museum of American History. Nike Waffle Trainer[Z/OL].[2018-05-04]. http://americanhistory.si.edu/collections/search/object/nmah_1413776.

8. Wozniak S，Smith G. iWoz: Computer Geek to Cult Icon[M]. New York: Norton，2006: 122，143.

9. Wozniak S，Smith G. iWoz: Computer Geek to Cult Icon[M]. New York: Norton，2006: 122.

10. Wozniak S，Smith G. iWoz: Computer Geek to Cult Icon[M]. New York: Norton，2006: 172.

11. Wozniak S，Smith G. iWoz: Computer Geek to Cult Icon[M]. New York: Norton，2006: 177.

12. Hattiangadi N，Medvec V H，Gilovich T. Failing to Act: Regrets of Terman's Geniuses[J]. International Journal of Aging and Human Development，1995，40(3): 175-185.

13. Wasserman N，Galper R. Big to Small: The Two Lives of Barry Nalls[J/OL]. Harvard Business School Case，2008: 7. https://www.hbs.edu/faculty/Pages/item.aspx?num=36102.

14. Wasserman N，Galper R. Big to Small: The Two Lives of Barry Nalls[J/OL]. Harvard Business School Case，2008:6. https://www.hbs.edu/faculty/Pages/item.aspx?num=36102.

15. Toft-Kehler R V，Wennberg K. Barriers to Learning in Entrepreneurship[J]. Paper Presented at Academy of Management Annual Meeting，San Antonio，TX，2011: 12-16.

16. Raffiee J，Feng J. Should I Quit My Day Job? A Hybrid Path to Entrepreneurship[J]. Academy of Management Journal，2014，57(4): 936-963.

17. Schwartz B. The Paradox of Choice: Why More Is Less[M]. New York: Ecco/Harper-Collins，2004.

18. Kowitt B. Inside the Secret World of Trader Joe's[J/OL]. Fortune[2010-08-23]. http://fortune.com/2010/08/23/inside-the-secret-world-of-trader-joes/.

19. Peterson H. Whole Foods' New Stores Are Unrecognizable[J/OL]. Business Insider[2016-04-28]. http://uk.businessinsider.com/inside-whole-foods-new-365-stores-2016-4.

20. 引自Bernstein E. How You Make Decisions Says a Lot About How Happy You Are[J/OL]. Wall Street Journal，2014. https://www.wsj.com/articles/how-you-make-decisions-says-a-lot-about-how-happy-you-are-1412614997。同样，心理学家希娜·延加发现，与选择较多时相比，人们在选择较少时更可能购买特定种类的食物，并且对自己的选择更为满意。详见Iyengar S S, Lepper M R. When Choice Is Demotivating: Can One Desire Too Much of a Good Thing?[J]. Journal of Personality and Social Psychology，2000，79(6): 995。

21. Dush C M K，Cohan C L，Amato P R. The Relationship Between Cohabitation and Marital Quality and Stability: Change Across Cohorts? [J]. Journal of Marriage and Family，2003，65(3): 539-549.

22. Sharot T. The Optimism Bias[J]. Current Biology，2011，21(23): R944.

23. Wilkinson A.What Elon Musk and Reid Hoffman Learned from Failing Wisely[EB/OL]. Inc.[2015-2-23]. http://www.inc.com/amy-wilkinson/why-the-best-leaders-fail-wisely.html.

24. Gallagher L. The Education of Airbnb's Brian Chesky[J/OL]. Fortune，2015. http://fortune.com/brian-chesky-airbnb.

25. Strasser J B，Becklund L. Swoosh: The Unauthorized Story of Nike and the Men Who Played There[M]. New York: Harcourt Brace Jovanovich，1991.

26. Moore K. Bowerman and the Men of Oregon: The Story of Oregon's Legendary Coach and Nike's Co-founder[M]. Emmaus，PA: Rodale，2006.

27. Damasio A R. Descartes' Error: Emotion，Reason，and the Human Brain[M]. New York: Putnam，1994.

第三章

1.　Taleb N N. Antifragile: Things That Gain from Gisorder[M]. New York: Random House，2012.

2.　Gimlet. Dating Ring of Fire. StartUp Podcast，season 2，episode 9，2014. https://www.gimletmedia.com/startup/dating-ring-of-fire.

3.　Zimmerman E. Start-Up Blends Old-Fashioned Matchmaking and Algorithms[J/OL]. New York Times[2015-04-22]. https://www.nytimes.com/2015/04/23/business/smallbusiness/start-up-blends-old-fashioned-matchmaking-and-algorithms.html.

4.　Gimlet. Dating Ring of Fire. StartUp Podcast，season 2，episode 9，2014. https://www.gimletmedia.com/startup/dating-ring-of-fire.

5.　同上。

6.　同上。

7.　Kay L. Congratulations on Quitting without a Gameplan！（Seriously.)[EB/OL]. Medium[2016-08-15]. https://medium.com/@laurenikay/congratulations-on-quitting-without-a-gameplan-seriously-6dbc3415e13d.

8.　Gimlet. Life after Startup. StartUp Podcast，season 5，episode 7，2017b. https://www.gimletmedia.com/startup/life-after-startup-season-5-episode-7.

9.　同上。

10.　详见Kelley D J，Singer S，Herrington M. Entrepreneurial Perceptions，Intentions and Societal Attitudes in 54 Economies[M]//Global Entrepreneurship Monitor: 2011 Global Report，2011: 7-9. https://www.slideshare.net/emprenupf/gem-2011。因害怕失败而不敢创业的人占比：要素驱动经济型占 37.3%，效率驱动经济型占 32.1%，创新驱动经济型占 38.1%。

11.　Knudson T. Why We All Have Fear of Failure[J/OL]. Psych Central，2014. http://psychcentral.com/blog/archives/2014/06/23/why-we-all-have-fear-of-failure.

12.　Compton S. Regrets[EB/OL]. Medium. https://medium.com/@stephcompton/regrets-5e19ca4d17fb.

13. Kahneman D, Tversky A. Prospect Theory: An Analysis of Decision Under Risk[J]. Econometrica, 1979, 47(2): 263-291.

14. Churchill W. Speech in the House of Commons[EB/OL].[1942-11-11].

15. Egan K, Lozano J B, Hurtado S, Case M H. The American Freshman: National Norms Fall 2013[M]. Los Angeles: UCLA Higher Education Research Institute, 2013.

16. Fernald M, ed. The State of the Nation's Housing[M/OL]. 2017. http://www.jchs.harvard.edu/sites/jchs.harvard.edu/files/harvard_jchs_state_of_the_nations_housing_2017.pdf.

17. Peter L J, Hull R. The Peter Principle[M]. London: Souvenir Press, 1969.

18. Brunner R. How Chobani's Hamdi Ulukaya Is Winning America's Culture War[J/OL]. Fast Company, 2017. https://www.fastcompany.com/3068681/how-chobani-founder-hamdi-ulukaya-is-winning-americas-culture-war. Wiener-Bronner D, Alesci C C. Chobani CEO Finds Trump's Travel Ban "Personal for Me" [J/OL]. CNN Money, 2017. http://money.cnn.com/2017/01/30/news/chobani-response-travel-ban.

19. Ulukaya H. Chobani's Founder on Growing a Start-Up Without Outside Investors[J/OL]. Harvard Business Review, 2013. https://hbr.org/2013/10/chobanis-founder-on-growing-a-start-up-without-outside-investors.

20. 同上。

21. 同上。

22. Gasparro A. At Chobani, Rocky Road from Startup Status[J/OL]. Wall Street Journal, 2015. https://www.wsj.com/articles/at-chobani-rocky-road-from-startup-status-1431909152.

23. Wasserman N. The Founder's Dilemma[J]. Harvard Business Review, 2008, 86(2): 102-109.

24. Strasser J B, Becklund L. Swoosh: The Unauthorized Story of Nike and the Men Who Played There[M]. New York: Harcourt Brace Jovanovich, 1991: 333-334.

25. Orzeck K. Chobani CEO's Deal with Ex-Wife in Ownership Spat OK'd[J/OL]. Law360，2015. https://www.law360.com/articles/643365/chobani-ceo-s-deal-with-ex-wife-in-ownership-spat-ok-d.

第四章

1. 广告可参见 https://www.youtube.com/watch?v=45mMioJ5szc。

2. Sparks A. Losing a Battle，and Focusing on Winning the War—Part 1[EB/OL]. Medium，2013.https://medium.com/@sparkszilla/losing-a-battle-and-focusing-on-winning-the-war-part-i-6369b8bf9d24.

3. 这则故事源自《巴比伦塔木德》中的《祝祷篇》第 60b 页。短语"这也不是什么坏事（Gam zu l'tova）"是圣人纳奇姆·伊什·甘祖说的一句话（记录于《禁食篇》21a 页）。

4. Warner A. What Didn't Kill Colin Hodge Made Him Stronger[EB/OL]. Mixergy (podcast)[2017-06-30].https://mixergy.com/interviews/what-didnt-kill-colin-hodge-made-him-stronger.

5. 同上。

6. Wasserman N，Galper R. Big to Small: The Two Lives of Barry Nalls[J/OL]. Harvard Business School Case，2008: 5. https://www.hbs.edu/faculty/Pages/item.aspx?num=36102.

7. Wasserman N，Galper R. Big to Small: The Two Lives of Barry Nalls[J/OL]. Harvard Business School Case，2008: 808-167. https://www.hbs.edu/faculty/Pages/item.aspx?num=36102.

8. Elkhorne J L. Edison—the Fabulous Drone[M]. 1967: 52.

9. Sperry T. Tommy John Accepts Role in Baseball and Medical History[J/OL]. CNN，2012. http://www.cnn.com/2012/04/24/health/tommy-john-surgery/.

10. John T，John S，Musser J. The Tommy John Story[M]. Old Tappan，NJ: Fleming H. Revell，1978: 100.

11. John T，John S，Musser J. The Tommy John Story[M]. Old Tappan，NJ:

Fleming H. Revell，1978.

12. John T，John S，Musser J. The Tommy John Story[M]. Old Tappan，NJ: Fleming H. Revell，1978: 107.

13. 详见 John T，John S，Musser J. The Tommy John Story[M]. Old Tappan，NJ: Fleming H. Revell，1978: 131。当时的希望比汤米·约翰记忆中的更为渺茫，因为撒拉实际上已经 89 岁了。亚伯拉罕得到上帝承诺的孩子时已经 99 岁了（详见《创世记》17：15-21 Art Scroll Chumash）。

14. John T，John S，Musser J. The Tommy John Story[M]. Old Tappan，NJ: Fleming H. Revell，1978: 125.

15. John T，John S，Musser J. The Tommy John Story[M]. Old Tappan，NJ: Fleming H. Revell，1978: 126.

16. John T，John S，Musser J. The Tommy John Story[M]. Old Tappan，NJ: Fleming H. Revell，1978: 152.

17. Simon S. Stephen Strasburg，Meet Tommy John[EB/OL]. NPR[2010-08-28]. http://www.npr.org/templates/story/story.php?storyId=129492123.

18. Tamir M，Mitchell C，Gross J J. Hedonic and Instrumental Motives in Anger Regulation[J]. Psychological Science，2008，19 (4): 324-328.

19. Seligman M. Learned Optimism: How to Change Your Mind and Your Life[M]. New York: Pocket，1991.

20. 同上。

21. Dweck C S. Mindset: The New Psychology of Success[M]. New York: Random House，2006.

22. Dowd K E，McAfee T. Sheryl Sandberg's Husband Died from Heart-Related Causes，People Learns[J/OL]. People，2015. http://people.com/celebrity/sheryl-sandbergs-husband-dave-goldberg-died-from-heart-related-causes.

23. 详见 Sandberg S. It's the Hard Days That Determine Who You Are[EB/OL]. Boston Globe[2016-05-16]. https://www.bostonglobe.com/opinion/2016/05/16/hard-days-that-determine-who-you-are/3R5MODlB8w8QcDt8X8BlEO/story.

html。她同时也描述了帮助她进入新生活的建议："戴夫去世儿周后，我和朋友菲尔谈到一项父子活动，一项没有戴夫的父子活动。我们想到了一个替代戴夫的方法，可我哭着对菲尔说，'但我只想要戴夫'。菲尔搂住我说，'既然最佳选项已经无法实现了，那就去他的备选选项'。"故事的更多内容详见 Sandberg S，Grant A. Option B: Facing Adversity，Building Resilience，and Finding Joy[M]. New York: Knopf/Random House，2017。

24. Sandberg S. It's the Hard Days That Determine Who You Are[J/OL]. Boston Globe，2016. https://www.bostonglobe.com/opinion/2016/05/16/hard-days-that-determine-who-you-are/3R5MODlB8w8QcDt8X8BlEO/story.html.

25. Seligman M E. Authentic Happiness: Using the New Positive Psychology to Realize Your Potential for Lasting Fulfillment[M]. New York: Simon and Schuster，2004.

26. Sarkis S. Quotes on Letting Go[J/OL]. Psychology Today，2012. https://www.psychologytoday.com/us/blog/here-there-and-everywhere/201210/quotes-letting-go.

27. Hornik D. Pandora and Persistence[EB/OL]. VentureBlog[2005-09-07]. http://www.ventureblog.com/2005/09/pandora-and-persistence.html.

28. Kahneman D，Tversky A. Prospect Theory: An Analysis of Decision Under Risk[J]. Econometrica，1979，47(2): 263-291.

29. 天使投资人、咨询公司Multiple的董事长加比·卡哈内在接受英国《金融时报》采访时明确指出："当企业家的极度乐观变成了自我欺骗，这时是他们收拾行装开始下一项事业的最佳时机。这种微妙的变化是很难从内部衡量的，所以创始人必须建立里程碑、度量标注和时间线来衡量现实。企业家必须设立明确的参考来将希望化为现实成果，否则他们只会罔顾事实，盲目行事。而残酷的现实是'销售、注册、下载量'比话语更有说服力。"引自 Newton R. Start-Ups and the Founder's Dilemma[J/OL]. Financial Times，2016. https://www.ft.com/content/11de999e-d4d5-11e5-829b-8564e7528e54。

30. Wasserman N. Ockham Technologies: Living on the Razor's Edge[J/OL]. Harvard Business School Case, 2004: 804-129. https://www.hbs.edu/faculty/pages/item.aspx?num=30839.

31. 同上。

32. Taleb N N. Antifragile: Things That Gain from Disorder[M]. New York: Random House, 2012.

33. Taleb N N. Antifragile: Things That Gain from Disorder[M]. New York: Random House, 2012: 72.

34. Shin J, Milkman K L. How Backup Plans Can Harm Goal Pursuit: The Unexpected Downside of Being Prepared for Failure[J]. Organizational Behavior and Human Decision Processes, 2016, 135: 1-9.

35. Gasparro A. At Chobani, Rocky Road from Startup Status[J/OL]. Wall Street Journal, 2015. https://www.wsj.com/articles/at-chobani-rocky-road-from-startup-status-1431909152.

36. Erker S, Thomas B. Finding the First Rung: A Study on the Challenges Facing Today's Frontline Leader[EB/OL]. 2010. http://www.ddiworld.com/ddi/media/trend-research/ findingthefirstrung_mis_ddi.pdf.

37. Wasserman N. The Founder's Dilemmas: Anticipating and Avoiding the Pitfalls That Can Sink a Startup[M]. Princeton, NJ: Princeton University Press, 2012.

38. Wilson T D, Gilbert D T. Affective Forecasting[J]. Advances in Experimental Social Psychology, 2003, 35: 345-411.

39. Gilbert D T, Pinel E C, Wilson T D, Blumberg S J, Wheatley T P. Immune Neglect: A Source of Durability Bias in Affective Forecasting[J]. Journal of Personality and Social Psychology, 1998, 75(3): 617.

40. 同上。

41. Lublin J S. How Companies Are Different When More Women Are in Power[J/OL]. Wall Street Journal, 2016, September 27. https://www.wsj.com/articles/how-companies-are-different-when-more-women-are-in-power-1474963802.

42. Fisher A. Don't Let Yourself Get Pushed into a Job Promotion[J/OL]. Fortune, 2015, June 18. http://fortune.com/2015/06/18/job-promotion-mistakes/.

43. Erker S, Thomas B. Finding the First Rung: A Study on the Challenges Facing Today's Frontline Leader[J/OL], 2010. http://www.ddiworld.com/ddi/media/trend-research/findingthefirstrung_mis_ddi.pdf.

第五章

1. Sandlin D. The Backwards Brain Bicycle[J/OL]. Smarter Every Day, 2015: 133. https://www.youtube.com/watch?v=MFzDaBzBlL0.

2. 同上。

3. 《斯坦福大学针对新兴企业的研究》中首次将"思维定式"这一词用来描述企业家的决策，这一研究同样分析了创始人创业时本能会使用的思维方式。详见Baron J N, Hannan M T. Organizational Blueprints for Success in HighTech Start-Ups: Lessons from the Stanford Project on Emerging Companies[J]. California Management Review, 2002, 44(3): 8-36。然而，SPEC没有像本书一样深入研究企业家思维定式的来源及其影响，以及企业家在创业过程中所面临的固有思维与现实要求之间的脱节。

4. Sandlin D. The Backwards Brain Bicycle[J/OL]. Smarter Every Day, 2015: 133. https://www.youtube.com/watch? v=MFzDaBzBlL0.

5. Wasserman N, Bussgang J J, Gordon R. Curt Schilling's Next Pitch[J/OL]. Harvard Business School Case, 2010: 810-053. https://www.hbs.edu/faculty/Pages/item.aspx?num=38236.

6. Wasserman N, Bussgang J J, Gordon R. Curt Schilling's Next Pitch[J/OL]. Harvard Business School Case, 2010: 2-3. https://www.hbs.edu/faculty/Pages/item.aspx? num=38236.

7. Schwartz J. End Game: Curt Schilling and the Destruction of 38 Studios[J/OL]. Boston Magazine, 2012. https://www.bostonmagazine.com/2012/07/23/38-studios-end-game.

8.　Groysberg B. Chasing Stars: The Myth of Talent and the Portability of Performance[M]. Princeton, NJ: Princeton University Press, 2010.

9.　Hamori M. Managing Yourself: Job-Hopping to the Top and Other Career Fallacies[J/OL]. Harvard Business Review, 2010. https://hbr.org/2010/07/managing-yourself-job-hopping-to-the-top-and-other-career-fallacies.

10.　Useem J. [3M] + [General Electric] = ?[J/OL]. Fortune, 2002. http://archive.fortune.com/magazines/fortune/fortune_archive/2002/08/12/327038/index.htm.

11.　Indy_dad. Untitled post. In "Driving on the Left... Easy Transition or Real Nightmare?" thread[EB/OL]. Fodor's Travel[2012-07-13]. http://www.fodors.com/community/europe/driving-on-the-lefteasy-transition-or-real-nightmare.cfm.

12.　Cathies. Untitled post. In "Driving on the Left... Easy Transition or Real Nightmare?" thread[EB/OL]. Fodor's Travel[2012-07-13]. http://www.fodors.com/community/europe/driving-on-the-lefteasy-transition-or-real-nightmare.cfm.

13.　Hendrix H. Getting the Love You Want: A Guide for Couples[M]. New York: Macmillan, 2007.

14.　Kahneman D. Thinking, Fast and Slow[M]. New York: Farrar, Straus and Giroux, 2013.

15.　McPherson M, Smith-Lovin L, Cook J. Birds of a Feather: Homophily in Social Networks[J]. Annual Review of Sociology. 2001, 27: 415-444.

16.　同上。

17.　Nahemow L, Lawton M. Similarity and Propinquity in Friendship Formation[J]. Journal of Personality and Social Psychology, 1975, 32(2): 205-213.

18.　Shenker I. 2 Critics Here Focus on Films as Language Conference Opens[J]. New York Times, 1972: 33.

19.　更多信息请参考国会选举研究，网址：https://cces.gov.harvard.edu/pages/welcome-cooperative-congressional-election-study。

20. Butters R，Hare C. Three-Fourths of Americans Regularly Talk Politics Only with Members of Their Own Political Tribe[J/OL]. Washington Post，2017. https://www.washingtonpost.com/news/monkey-cage/wp/2017/05/01/three-fourths-of-americans-regularly-talk-politics-only-with-members-of-their-own-political-tribe/.

21. Mitchell A，Gottfried J，Kiley J，Matsa K E. Political Polarization and Media Habits[J/OL]. Pew Research Center，2014. http://www.journalism.org/2014/10/21/political-polarization-media-habits/.

22. Youyou et al. 2017.

23. 详见Blackwell D，Lichter D. Homogamy Among Dating，Cohabiting，and Married Couples[J]. Sociological Quarterly，2005，45(4): 719-737。由于样本数量有限，他们没有对亚洲女性、美洲印第安女性、爱斯基摩女性和阿留申女性进行研究。

24. Ruef M，Aldrich H E，Carter N. The Structure of Founding Teams: Homophily，Strong Ties，and Isolation Among U.S. Entrepreneurs[J]. American Sociological Review，2003，68: 195-222.

25. Lunden I. Snapchat Paid Reggie Brown $157.5M to Settle His "Ousted Founder" Lawsuit[J/OL]. TechCrunch，2017. https://techcrunch.com/2017/02/02/snapchat-reggie-brown/.

26. Sumagaysay L. Quoted: On Snapchat，Startup Drama and "Lawyering Up" [J/OL]. Silicon Beat，2013. http://www.siliconbeat.com/2013/12/12/quoted-on-snapchat-startup-drama-and-lawyering-up/.

27. Snap. Snap，Inc.: Form S-1 Registration Statement. U.S. Securities and Exchange Commission[EB/OL].[2017-02-02].https://www.sec.gov/Archives/edgar/data/1564408/000119312517029199/d270216ds1.htm.

28. Gompers P A，Mukharlyamov V，Xuan Y. The Cost of Friendship[J]. Journal of Financial Economics，2016，119(3): 626-644.

29. Gompers P A，Mukharlyamov V，Xuan Y. The Cost of Friendship[J]. Journal of

Financial Economics，2016，119(3): 628.

30. Gompers P A，Mukharlyamov V，Xuan Y. The Cost of Friendship[J]. Journal of Financial Economics，2016，119(3): 627.

31. 详见Cubiks. Cubiks International Survey on Job and Cultural Fit[EB/OL]. [2013-07]. July.https://www.learnvest.com/wp-content/uploads/2017/02/Cubiks-Survey-Results-July-2013.pdf。受访者大约有 500 人，分别来自 54 个不同的国家：63%的人来自欧洲，26%的人来自大洋洲，8%的人来自美国，3%的人来自亚洲。

32. Rivera L. Guess Who Doesn't Fit in at Work[J/OL]. New York Times，2015. https://www.nytimes.com/2015/05/31/opinion/sunday/guess-who-doesnt-fit-in-at-work.html.

33. Mark N P. Culture and Competition: Homophily and Distancing Explanations for Cultural Niches[J]. American Sociological Review，2003，68(3): 319-345.

34. McPherson M，Smith-Lovin L，Cook J. Birds of a Feather: Homophily in Social Networks[J]. Annual Review of Sociology，2001，27: 415-444.

35. Umphress E，Smith-Crowe K，Brief A，Dietz J，Watkins M. When Birds of a Feather Flock Together and When They Do Not[J]. Journal of Applied Psychology，2007，92(2): 396-409.

第六章

1. Groysberg B，Abrahams R. Managing Yourself: Five Ways to Bungle a Job Change[J/OL]. Harvard Business Review，2010. https://hbr.org/2010/01/managing-yourself-five-ways-to-bungle-a-job-change.

2. Janisj. Untitled post. In "Driving on the Left...Easy Transition or Real Nightmare?" thread[J/OL]. Fodor's Travel[2012-07-13]. http://www.fodors.com/community/europe/driving-on-the-lefteasy-transition-or-real-nightmare.cfm.

3. 详见Gersick C J G. Pacing Strategic Change: The Case of a New Venture[J]. Academy of Management Journal，1994，37(1): 45。请注意，在盖尔西克的

文章中，公司及CEO的名字均为假名。

4. Klein G A，Calderwood R. Investigations of Naturalistic Decision Making and the Recognition-Primed Decision Model[R/OL]. Army Research Institute Research Note，1996: 43-96. http://www.au.af.mil/au/awc/awcgate/army/ari_natural_dm.pdf.

5. Wasserman N，Galper R. Big to Small: The Two Lives of Barry Nalls[J/OL]. Harvard Business School Case，2008: 808-167. https://www.hbs.edu/faculty/Pages/item.aspx?num=36102.

6. 同上。

7. 同上。

8. 同上。

9. Perlow L A. When Silence Spells Trouble at Work[J/OL]. Harvard Business School Working Knowledge，2003. https://hbswk.hbs.edu/item/when-silence-spells-trouble-at-work.

10. Gross J J，John O P. Individual Differences in Two Emotion Regulation Processes: Implications for Affect, Relationships, and Well-Being[J]. Journal of Personality and Social Psychology，2003, 85(2): 348. Kashdan T B, Rottenberg J. Psychological Flexibility as a Fundamental Aspect of Health[J]. Clinical Psychology Review，2010, 30(7): 865-878.

11. Kashdan T B，Rottenberg J. Psychological Flexibility as a Fundamental Aspect of Health[J]. Clinical Psychology Review，2010, 30(7): 871.

12. Neisser U. The Control of Information Pickup in Selective Looking[M]// Perception and Its Development: A Tribute to Eleanor J Gibson. Hillsdale，NJ: Lawrence Erlbaum，1979: 201-219.

13. Wasserman N，Maurice L P. Savage Beast (A)[J/OL]. Harvard Business School Case，2008: 809-069. https://www.hbs.edu/faculty/Pages/item.aspx?num=36725. Wasserman N，Maurice L P. Savage Beast (B)[J/OL]. Harvard Business School Supplement，2008: 809-096. https://www.hbs.edu/faculty/Pages/item.

aspx?num=36726.

14. 关于该现象的经典探索，详见Granovetter M. The Strength of Weak Ties[J]. American Journal of Sociology，1973，78: 1360-1380。

15. Wasserman N，Maurice L P. Savage Beast (A)[J/OL]. Harvard Business School Case，2008: 809-069. https://www.hbs.edu/faculty/Pages/item.aspx?num=36725. Wasserman N，Maurice L P. Savage Beast (B)[J/OL]. Harvard Business School Supplement，2008: 809-096. https://www.hbs.edu/faculty/Pages/item. aspx?num=36726.

16. 葛文德所列清单的重点是安全、效率、可持续性，这与本书讨论的不同。详见Gawande A. Checklist Manifesto[M]. New York: Metropolitan Books，2009。

17. Gompers P A, Mukharlyamov V, Xuan Y. The Cost of Friendship[J]. Journal of Financial Economics，2016, 119(3): 626-644.

18. Wasserman N. The Venture Capitalist as Entrepreneur: Characteristics and Dynamics Within VC Firms[D]. Boston: Harvard University，2002.

19. Walters N. Here's What a Former Apple CEO Wishes He Could Have Told Himself When He Took Over the Tech Giant at Age 44[J/OL]. Business Insider，2016. http://www.businessinsider.com/what-john-sculley-wishes-he-knew-when-he-became-apple-ceo-2016-3.

20. Allmendinger J, Hackman R, Lehman E. Life and Work in Symphony Orchestras[J]. Musical Quarterly，1996, 80(2): 184-219.

21. 有关"有难度的沟通情况"的更多内容，详见Stone D, Heen S, Patton B. Difficult Conversations: How to Discuss What Matters Most[M]. New York: Penguin，2010。

22. Alter J. How We Fight—Cofounders in Love and War[J/OL]. Steve Blank (blog)，2012. https://steveblank.com/2012/10/21/how-we-fight-cofounders-in-love-and-war.

23. Gottman J. The Four Horsemen of the Apocalypse[J]. The Gottman Institute. https://www.youtube.com/watch?v=1o30Ps-_8is.戈特曼的研究始于1972年，

至今还在继续。到目前为止，他已完成了 12 个研究项目，有 3 000 多对夫妻参与其中。戈特曼的"离婚预测"研究项目包含了 677 对夫妻。

24.   Gottman J. The Four Horsemen of the Apocalypse[J]. The Gottman Institute. https://www.youtube.com/watch?v=1o30Ps-_8is.

25.   Wasserman N. Ockham Technologies: Living on the Razor's Edge[J/OL]. Harvard Business School Case，2004: 804-129. https://www.hbs.edu/faculty/pages/item.aspx?num=30839.

26.   同上。

27.   Lisitsa E. Self Care: The Four Horsemen[EB/OL]. Gottman Institute，2014. https://www.gottman.com/blog/self-care-the-four-horsemen.

28.   Radford T. Psychologist Says Maths Can Predict Chances of Divorce[EB/OL]. The Guardian[2004-02-13]. https://www.theguardian.com/uk/2004/feb/13/science.research.

29.   同上。

第七章

1.   详见Wasserman N，Braid Y. Family Matters at ProLab[J/OL]. Harvard Business School Case，2012: 813-130. https://www.hbs.edu/faculty/Pages/item.aspx?num=43829。本章所有关于宝来公司的信息和引文均出自此来源。

2.   Dyer W G，Dyer W J，Gardner R G. Should My Spouse Be My Partner? Preliminary Evidence from the Panel Study of Income Dynamics[J]. Family Business Review，2012，26(1): 68-80.

3.   Wasserman N，Marx M. Split Decisions: How Social and Economic Choices Affect the Stability of Founding Teams[J]. Academy of Management Annual Meeting，Anaheim，CA，August.2008

4.   Wasserman N. The Founder's Dilemmas: Anticipating and Avoiding the Pitfalls That Can Sink a Startup. Princeton，NJ: Princeton University Press，2012.

5.   美国独立企业联盟的数据显示，雇用家庭成员的公司占全球公司总数的

80% ~ 90%，配偶双方在同一公司工作的企业占家族企业的 1/3。更多信息详见 Dyer W G, Dyer W J, Gardner R G. Should My Spouse Be My Partner? Preliminary Evidence from the Panel Study of Income Dynamics[J]. Family Business Review，2012，26(1): 68-80。

6.　Tedlow R S. Personal communication，2004.

7.　Belmi P, Pfeffer J. How "Organization" Can Weaken the Norm of Reciprocity: The Effects of Attributions for Favors and a Calculative Mindset[J]. Academy of Management Discoveries，2015，1(1): 36-57.

8.　如果想解这些困难对话的不同发展及其在专业医疗人员和患者间困难对话的应用，请参见 Browning D M, Meyer E C, Truog R D, Solomon M Z. Difficult Conversations in Health Care: Cultivating Relational Learning to Address the Hidden Curriculum[J]. Academic Medicine—Philadelphia，2007，82(9): 905。

9.　Keating D M, Russell J C, Cornacchione J, Smith S W. Family Communication Patterns and Difficult Family Conversations[J]. Journal of Applied Communication Research，2013，41(2): 160-180.

10.　Sanford K. Problem-Solving Conversations in Marriage: Does It Matter What Topics Couples Discuss?[J]. Personal Relationships，2003，10(1): 97-112.

11.　详见 Mosendz P. A Third of Newlyweds Are in the Dark About Their Spouse's Finances[J/OL]. Chicago Tribune，2016. http://www.chicagotribune.com/business/ct-personal-finance-newlywed-money-20160502-story.html。最令人惊讶的也许是 20%的男性拥有自己的秘密金融账户，并且不曾告诉过伴侣，12%的女性也是如此。

12.　Dezső L, Loewenstein G. Lenders' Blind Trust and Borrowers' Blind Spots: A Descriptive Investigation of Personal Loans[J]. Journal of Economic Psychology，2012，33(5): 996.

13.　Krackhardt D. The Ties That Torture: Simmelian Tie Analysis in Organizations[J]. Research in the Sociology of Organizations，1999，16: 183-210.

14.　Barmash I. Gucci Family, Split by Feud, Sells Large Stake in Retailer[J/OL].

New York Times, 1988. http://www.nytimes.com/1988/06/08/business/gucci-family-split-by-feud-sells-large-stake-in-retailer.html.

15. Forden S G. The House of Gucci: A Sensational Story of Murder, Madness, Glamour, and Greed[M]. New York: William Morrow, 2001: 141.

16. Wasserman N. The Founder's Dilemmas: Anticipating and Avoiding the Pitfalls That Can Sink a Startup[M]. Princeton, NJ: Princeton University Press, 2012.

17. Krause R, Priem R, Love L. Who's in Charge Here? Co-CEOs, Power Gaps, and Firm Performance[J]. Strategic Management Journal, 2015, 36(13): 2099-2110.

18. Krause R, Priem R, Love L. Who's in Charge Here? Co-CEOs, Power Gaps, and Firm Performance[J]. Strategic Management Journal, 2015, 36(13): 2099.

19. US Bureau of Labor Statistics. Women in the Labor Force: A Databook[EB/OL]. 2014. https://www.bls.gov/cps/wlf-databook-2013.pdf.

20. Szuchman P, Anderson J. It's Not You, It's the Dishes: How to Minimize Conflict and Maximize Happiness in Your Relationship[M]. New York: Random House, 2012: 10.

21. Szuchman P, Anderson J. It's Not You, It's the Dishes: How to Minimize Conflict and Maximize Happiness in Your Relationship[M]. New York: Random House, 2012: 11.

22. 详见Rogers S. Dollars, Dependency, and Divorce[J]. Journal of Marriage and Family, 2004, 66: 59-74。婚姻幸福为婚姻稳定提供了重要环境。当配偶双方有着类似的资源，婚姻幸福水平处于较低或中等水平时，离婚的概率最高。

23. Bass B C. Preparing for Parenthood? Gender, Aspirations, and the Reproduction of Labor Market Inequality[J]. Gender and Society, 2015, 29(6): 362-385.

24. Dienhart A. Make Room for Daddy: The Pragmatic Potentials of a Tag-Team Structure for Parenting[J]. Journal of Family Issues, 2001, 22: 973-999.

第八章

1. Wasserman N，Braid Y. Family Matters at ProLab[J/OL]. Harvard Business School Case，2012: 813-130. https://www.hbs.edu/faculty/Pages/item.aspx?num=43829.

2. 同上。

3. 同上。

4. Lashinsky A. Wild Ride: Inside Uber's Quest for World Domination[M]. New York: Portfolio，2017: 78.

5. Javitch D G. 10 Tips for Working with Family Members[J/OL]. Entrepreneur，2006. https://www.entrepreneur.com/article/159446.

6. Wasserman N，Braid Y. Family Matters at ProLab[J/OL]. Harvard Business School Case，2012: 813-130. https://www.hbs.edu/faculty/Pages/item.aspx?num=43829.

7. Akalp N. Keepin' It in the Family: How to Structure a Business with Your Closest Relatives[J/OL]. Entrepreneur，2015. https://www.entrepreneur.com/article/244249.

8. Wasserman N，Braid Y. Family Matters at ProLab[J/OL]. Harvard Business School Case，2012: 813-130. https://www.hbs.edu/faculty/Pages/item.aspx?num=43829.

9. 同上。

10. 同上。

11. Javitch D G. 10 Tips for Working with Family Members[J/OL]. Entrepreneur，2006. https://www.entrepreneur.com/article/159446.

12. Li J B. On Single-Domain Role Transitions in Multiplex Relationships[J]. Paper presented at Strategic Management Society conference，Hong Kong，2016: 10-12.

13. Keating D M, Russell J C, Cornacchione J, Smith S W. Family Communication Patterns and Difficult Family Conversations[J]. Journal of Applied

Communication Research，2013，41(2): 160-180.

14. 详见 Wasserman N. The Founder's Dilemmas: Anticipating and Avoiding the Pitfalls That Can Sink a Startup[M]. Princeton, NJ: Princeton University Press, 2012。我搜集了 3 600 家初创公司的数据，其中 36% 的公司是由一位创始人独自创立的，37% 的公司是由两位创始人共同创立的，24% 的公司是由三位创始人共同创立的，剩下的是由四位及四位以上的创始人共同创立的。

15. Wasserman N. The Founder's Dilemmas: Anticipating and Avoiding the Pitfalls That Can Sink a Startup[M]. Princeton, NJ: Princeton University Press, 2012.

16. Hellmann T, Wasserman N. The First Deal: The Division of Founder Equity in New Ventures[J]. Management Science, 2016, 63(8): 2647-2666.

17. Keates N. The House That Saved Their Marriage[J/OL]. Wall Street Journal, 2015. https://www.wsj.com/articles/the-house-that-saved-their-marriage-1437054227.

18. Wasserman N, Maurice L P. Savage Beast (A)[J/OL]. Harvard Business School Case, 2008: 809-069. https://www.hbs.edu/faculty/Pages/item.aspx?num=36725.

19. Wasserman N. The Founder's Dilemmas: Anticipating and Avoiding the Pitfalls That Can Sink a Startup[M]. Princeton, NJ: Princeton University Press, 2012.

20. Guay M. How to Work in Different Timezones[EB/OL]. Zapier[2018-02-27]. https://zapier.com/learn/remote-work/remote-work-time-shift/.

21. Valcour M. Navigating Tradeoffs in a Dual-Career Marriage[J/OL]. Harvard Business Review, 2015. https://hbr.org/2015/04/navigating-tradeoffs-in-a-dual-career-marriage.

结论

1. Wasserman N. The Throne vs. the Kingdom: Founder Control and Value Creation in Startups[J]. Strategic Management Journal, 2017, 38: 255-277.

2. Wasserman N. The Founder's Dilemmas: Anticipating and Avoiding the Pitfalls

That Can Sink a Startup[M]. Princeton, NJ: Princeton University Press, 2012.

3.　Kirkpatrick D. Twitter Was Act One. Vanity Fair[EB/OL].[2011-04-03]. https://
www.vanityfair.com/news/2011/04/jack-dorsey-201104.

4.　Kemper S. Code Name Ginger[M]. Boston: Harvard Business School
Press, 2003: 80.

5.　Kemper S. Code Name Ginger[M]. Boston: Harvard Business School
Press, 2003: 46.

6.　Kemper S. Code Name Ginger[M]. Boston: Harvard Business School
Press, 2003: 54.

7.　Kemper S. Code Name Ginger[M]. Boston: Harvard Business School
Press, 2003: 85.

8.　Wasserman N. The Throne vs. the Kingdom: Founder Control and Value Creation
in Startups[J]. Strategic Management Journal, 2017, 38: 255-277.

9.　Wasserman N. The Founder's Dilemmas: Anticipating and Avoiding the Pitfalls
That Can Sink a Startup[M]. Princeton, NJ: Princeton University Press, 2012.

10.　Wuchty S, Jones B F, Uzzi B. The Increasing Dominance of Teams in
Production of Knowledge[J]. Science, 2007, 316(5827): 1036-1039.